A GUIDE TO THE EMISSION COEFFICIENT OF THE SECOND NATIONAL CENSUS OF POLLUTION SOURCES

# 第二次 全国污染源普查产排污系数手册

|生活源|

生态环境部第二次全国污染源普查工作办公室 编

中国环境出版集团 · 北京

图书在版编目（CIP）数据

第二次全国污染源普查产排污系数手册. 生活源/生态环境部第二次全国污染源普查工作办公室编. —北京：中国环境出版集团，2022.11

ISBN 978-7-5111-4381-5

Ⅰ. ①第… Ⅱ. ①生… Ⅲ. ①生活污水－污染源调查－排污系数－中国 Ⅳ. ①X508.2

中国版本图书馆 CIP 数据核字（2020）第 135516 号

出 版 人　武德凯
责任编辑　曲　婷
责任校对　任　丽
封面设计　王春声

出版发行　中国环境出版集团
（100062　北京市东城区广渠门内大街 16 号）
网　　址：http://www.cesp.com.cn
电子邮箱：bjgl@cesp.com.cn
联系电话：010-67112765（编辑管理部）
发行热线：010-67125803，010-67113405（传真）

印　　刷　北京中科印刷有限公司
经　　销　各地新华书店
版　　次　2022 年 11 月第 1 版
印　　次　2022 年 11 月第 1 次印刷
开　　本　880×1230　1/16
印　　张　5.25
字　　数　150 千字
定　　价　45.00 元

第二次全国污染源普查资料

## 编纂委员会

**主任委员**

孙金龙　黄润秋

**副主任委员**

库热西·买合苏提　翟　青　赵英民　刘　华　庄国泰　张　波

**委　　员**

田为勇　刘长根　徐必久　别　涛　叶　民　邹首民　崔书红

柯　昶　刘炳江　李　高　苏克敬　邱启文　郭承站　汤　搏

江　光　刘志全　柏仇勇　曹立平　郭　敬　刘友宾　宋铁栋

王志斌　洪亚雄　赵群英

第二次全国污染源普查资料

## 编写人员

**主　编**

赵英民

**副主编**

洪亚雄　刘舒生　景立新

**编　委**（按姓氏笔画排序）

王　强　王夏娇　王赫婧　毛玉如　邢　瑜　朱　琦　刘晨峰

李雪迎　杨庆榜　吴　琼　汪志锋　汪震宇　沈　忱　张　震

陈敏敏　周潇云　郑国峰　赵学涛　柳王荣　谢明辉

# 国务院第二次全国污染源普查领导小组人员名单

国发〔2016〕59号文，2016年10月20日

组　长

张高丽　国务院副总理

副组长

陈吉宁　环境保护部部长
宁吉喆　国家统计局局长
丁向阳　国务院副秘书长

成　员

郭卫民　国务院新闻办副主任
张　勇　国家发展改革委副主任
辛国斌　工业和信息化部副部长
黄　明　公安部副部长
刘　昆　财政部副部长
汪　民　国土资源部副部长
翟　青　环境保护部副部长
倪　虹　住房城乡建设部副部长
戴东昌　交通运输部副部长
陆桂华　水利部副部长
张桃林　农业部副部长
孙瑞标　税务总局副局长
刘玉亭　工商总局副局长
田世宏　质检总局党组成员、国家标准委主任
钱毅平　中央军委后勤保障部副部长

*领导小组办公室主任由环境保护部副部长翟青兼任

## 国务院第二次全国污染源普查领导小组人员名单

国办函〔2018〕74 号文，2018 年 11 月 5 日

**组　长**

韩　正　国务院副总理

**副组长**

丁学东　国务院副秘书长

李干杰　生态环境部部长

宁吉喆　统计局局长

**成　员**

郭卫民　中央宣传部部务会议成员、新闻办副主任

张　勇　发展改革委副主任

辛国斌　工业和信息化部副部长

杜航伟　公安部副部长

刘　伟　财政部副部长

王春峰　自然资源部党组成员

赵英民　生态环境部副部长

倪　虹　住房城乡建设部副部长

戴东昌　交通运输部副部长

魏山忠　水利部副部长

张桃林　农业农村部副部长

孙瑞标　税务总局副局长

马正其　市场监管总局副局长

钱毅平　中央军委后勤保障部副部长

★领导小组办公室设在生态环境部，办公室主任由生态环境部副部长赵英民兼任

第二次全国污染源普查

# 工作办公室人员

主　任　洪亚雄

副主任　刘舒生　景立新

综合（农业）组　毛玉如　汪志锋　赵兴征　刘晨峰　王夏娇
柳王荣　沈　忱　周潇云　罗建波

督办组　谢明辉　李雪迎

技术组　赵学涛　朱　琦　王　强　张　震　陈敏敏　王赫婧
郑国峰　吴　琼　邢　瑜

宣传组　汪震宇　杨庆榜

此外，于飞、张山岭、王振刚、崔积山、王利强、范育鹏、孙嘉绩、王俊能、谷萍同志也参加了普查工作。

# 序言

## 掌握生态环境保护底数<br>助力打赢污染防治攻坚战

第二次全国污染源普查是中国特色社会主义进入新时代的一次重大国情调查，是在决胜全面建成小康社会关键阶段、坚决打赢打好污染防治攻坚战的大背景下实施的一项系统工程，是为全面摸清建设“美丽中国”生态环境底数、加快补齐生态环境短板采取的一项重大举措。在以习近平同志为核心的党中央坚强领导下，按照国务院和国务院第二次全国污染源普查领导小组的部署，各地区、各部门和各级普查机构深入贯彻习近平新时代中国特色社会主义思想和习近平生态文明思想，精心组织、奋力作为，广大普查人员无私奉献、辛勤付出，广大普查对象积极支持、大力配合，第二次全国污染源普查取得重大成果，达到了“治污先治本、治本先清源”的目的，为依法治污、科学治污、精准治污和制定决策规划提供了真实可靠的数据基础，集中反映了十年来中国经济社会健康稳步发展和生态环境保护不断深化优化的新成就，昭示着生态文明建设迈向高质量发展的新图景。

### 一、第二次全国污染源普查高质量完成

第二次全国污染源普查对象为中华人民共和国境内有污染源的单位和个体经营户，范围包括：工业污染源，农业污染源，生活污染源，集中式污染治理设施，移动源及其他产生、排放污染物的设施。普查标准时点为 2017 年 12 月 31 日，时期资料为 2017 年度。这次污染源普查历时 3 年时间，经过前期准备、全面调查和总结发布三个阶段，对全国 357.97 万个产业活动单位和个体经营户进行入户调查和产排污核算工作，摸清了全国各类污染源数量、结构和分布情况，掌握了各类污染物产生、排放和处理情况，建立了重点污染源档案和污染源信息数据库，高标准、高质量完成了既定的目标任务。这次污染源普查的主要特点有：

**党中央、国务院高度重视，凝聚工作合力。**张高丽、韩正副总理先后担任国务院第二次全国污染源普查领导小组组长，领导小组办公室设在生态环境部。按照“全国统一领导、部门分工协作、地方分级负责、各方共同参与”的原则，县以上各级政府和相关部门组建了普查机构。各级生态环境部门重视普查工作中党的建设，着力打造一支生态环境保护铁军，做到组织到位、人员到位、措施到位、经费到位，为普查顺利实施提供了有力保障。全国（不含港、澳、台）共成立普查机构 9321 个，投入普查经费 90 亿元，动员 50 万人参与，确保了普查顺利实施。

**科学设计，普查方案执行有力。**依据相关法律法规，加强顶层设计，制定《第二次全国污染源普查方案》，提高普查的科学性和规范性。坚持目标引领、问题导向，经过 12 个省（区、市）普查综合试点、10 个省（区、市）普查专项试点检验，完善涵盖工业源 41 个行业大类的污染源产排污核算方法体系。采取“地毯式”全面清查和全面入户调查相结合的方式，了解掌握“污染源在哪里、排什么、如何排和排多少”四个关键问题，全面摸清生态环境底数。31 个省（区、市）和新疆生产建设兵团以“钉钉子”精神推进污染源普查工作“全国一盘棋”。

**运用现代信息技术，推动实践创新。**积极推进政务信息大数据共享应用，有效减轻调查对象负担和普查成本。共有 17 个部门作为国务院第二次全国污染源普查领导小组成员单位和联络员单位参与普查，累计提供行政记录和业务资料近 1 亿条，通过比对、合并形成普查清查底册和污染源基本单位名录。首次运用全国环保云资源，建立完善联网直报系统。全面采用电子化手段进行普查小区划分和空间信息采集，使用手持移动终端（PDA）采集和传输数据，提高普查效率。

**聚焦数据质量，强化全过程控制。**严格“真实、准确、全面”要求，建立细化的数据质量标准，完善数据质量溯源机制，严格普查质量管理和工作纪律。组建普查专家咨询和技术支持团队，开展分类指导和专项督办，引入 4692 个第三方机构参与普查工作，发挥公众监督作用，推动普查公正透明。国务院第二次全国污染源普查领导小组办公室先后对普查各个阶段组织开展工作督导，对全国 31 个省（区、市）和新疆生产建设兵团普查调研指导全覆盖、质量核查全覆盖，确保普查数据质量。

**广泛开展宣传培训，营造良好社会氛围。**加强普查新闻宣传矩阵平台建设，采取通俗易懂、喜闻乐见的形式，推进普查宣传进基层、进乡镇、进社区、进企业，推广工作中的好经验好方法，营造全社会关注、支持和参与普查的舆论氛围。创新培训方式，统一培训与分级培训相结合，现场培训与网络远程培训相结合，理论传授与案例讲解相结合，由国家负责省级和试点地区、省级负责地市和区县，全方位提高各级普查人员工作能力和技术水平。专题为新疆、西藏等西部地区培训普查业务骨干，深化对口援疆、援藏、援青工作。总的看，第二次全国污染源普查为生态环境保护做了一次高质量“体检”，获得了极其宝贵的海量数据，为加强生态文明建设、推动经济社会高质量发展、推进生态环境领域国家治理体系和治理能力现代化提供了丰富详实的数据支撑。

## 二、十年来我国生态环境保护取得重大成就

对比第二次全国污染源普查与第一次全国污染源普查结果，可以发现，十年来特别是党的十八大以来，我国在经济规模、结构调整、产业升级、创新动力、区域协调、环境治理等方面呈现诸多积极变化，高质量发展迈出了稳健步伐，生态文明建设取得积极成效，生态环境质量显著改善。

**十年来，我国经济社会发展状况以及生态环境保护领域重大改革措施取得重大成果。**从十年间两次普查的变化来看：2017 年，化学需氧量、二氧化硫、氮氧化物等污染物排放量较 2007 年分别下降 46%、72%、34%。工业企业废水处理、脱硫和除尘等设施数量，分别是 2007 年的 2.35 倍、3.27 倍和 5.02 倍。城镇污水处理厂数量增加 5.4 倍，设计处理能力增加 1.7 倍，实际污水处理量增加 3 倍；城镇生活污水化学需氧量去除率由 2007 年的 28% 提高至 2017 年的 67%。生活垃圾处置厂数量增加 86%，其中垃圾焚烧厂数量增加 303%，焚烧处理量增加 577%，焚烧处理量比例由 8% 提高到 27%。危险废物集中利用处置厂数量增加 8.22 倍，设计处理能力增加 4279 万吨 / 年，提高 10.4 倍，集中处置利用量增加 1467 万吨，提高 12.5 倍。这些变化充分体现了生态文明建设战略实施的成就。

**十年来，我国经济结构优化升级、协调发展取得新进展。**我国正处在转变发展方式、优化经济结构、转换增长动能的攻关期。两次普查数据相比，十年间，工业结构持续改善，制造业转型升级表现突出。工业源普查对象涵盖国民经济行业分类 41 个工业大类行业产业活动单位，数量由 157.55 万个增加到 247.74 万个，增加 90.19 万个，增幅达 57.24%。重点行业生产规模集中，造纸制浆、皮革鞣制、铜铅锌冶炼、炼铁炼钢、水泥制造、炼焦行业的普查对象数量分别减少 24%、36%、51%、50%、37% 和 62%，产品产量分别增加 61%、7%、89%、50%、71% 和 30%。农业源普查对象中，畜禽规模程度明显提高，养殖结构得到优化，生猪规模养殖场（500 头及以上）养殖量占比由 22% 上升为 41%。同时，生猪规模养殖场采用干清粪方式养殖量占比从 55% 提高到 81%。这些深刻反映了我国经济结构的重大变化，表明重点行业产业集中度提高，产业优化升级、淘汰落后产能、严格环境准入等结构调整政策取得积极成效。重点行

业产业结构调整既获得了规模效益和经济效益，同时取得了好的环境成效。

**十年来，我国工业企业节能减排成效显著。**两次普查相比，在工业源方面，废气、废水污染治理快速发展，治理水平大幅提升。2017 年废水治理设施套数比 2007 年提高了 135.47%，废水治理能力提高了 26.88%。脱硫设施数和除尘设施数分别提高了 226.88%、401.72%。十年间，总量控制重点关注行业排放量占比明显下降，化学需氧量、氨氮、二氧化硫、氮氧化物等四项主要污染物排放量分别下降 83.89%、77.56%、75.05%、45.65%。电力、热力生产和供应业二氧化硫、氮氧化物，造纸和纸制品业化学需氧量分别下降 86.54%、76.93%、84.44%。铜铅锌冶炼行业二氧化硫减少 78%。炼铁炼钢行业二氧化硫减少 54%。水泥制造行业氮氧化物减少 23%。表明全国各领域生态环境基础设施建设的均等化水平提升，污染治理能力大幅提高，污染治理效果显著。

另外，普查结果也显示当前生态环境保护工作仍然存在薄弱环节，全国污染物排放量总体处于较高水平。第二次全国污染源普查数据为下一步精准施策、科学治污奠定了坚实基础。

## 三、贯彻落实新发展理念　推动生态环境质量持续改善

习近平总书记强调，小康全面不全面，生态环境很关键。普查结果显示，在党中央、国务院的坚强领导下，经济高质量发展和生态环境高水平保护协同推动，依法治污、科学治污、精准治污方向不变、力度不减，扎实推进蓝天、碧水、净土保卫战，污染防治攻坚战取得关键进展，生态环境质量持续明显改善。从普查数据中也发现，当前污染防治攻坚战面临的困难、问题和挑战还很大，形势仍然严峻，不容乐观。我们既要看到发展的有利条件，也要清醒认识到内外挑战相互交织、生态文明建设“三期叠加”影响持续深化、经济下行压力加大的复杂形势。要以习近平新时代中国特色社会主义思想为指导，紧紧围绕统筹推进“五位一体”总体布局和协调推进“四个全面”战略布局，紧密围绕污染防治攻坚战阶段性目标任务，持续改善生态环境质量，构建生态环境治理体系，为推动生态环境根本好转、建设生态文明和美丽中国、开启全面建设社会主义现代化国家新征程奠定坚实基础。

**深入贯彻落实新发展理念。**深入贯彻落实习近平生态文明思想，增强各方面践行新发展理念的思想自觉、政治自觉、行动自觉。充分发挥生态环境保护的引导、优化和促进作用，支持服务重大国家战略实施。落实生态环境监管服务、推动经济高质量发展、支持服务民营企业绿色发展各项举措，继续推进“放管服”改革，主动加强环境治理服务，推动环保产业发展。

**坚定不移推进污染治理。**用好第二次全国污染源普查成果，推进数据开放共享，以改善生态环境质量为核心，制定国民经济和社会发展“十四五”规划和重大发展战略。全面完成《打赢蓝天保卫战三年行动计划》目标任务，狠抓重点区域秋冬季大气污染综合治理攻坚，积极稳妥推进北方地区清洁取暖，持续整治“散乱污”企业，深入推进柴油货车污染治理，继续实施重污染天气应急减排按企业环保绩效分级管控。深入实施《水污染防治行动计划》，巩固饮用水水源地环境整治成效，持续开展城市黑臭水体整治，加强入海入河排污口治理，推进农村环境综合整治。全面实施《土壤污染防治行动计划》，推进农用地污染综合整治，强化建设用地土壤污染风险管控和修复，组织开展危险废物专项排查整治，深入推进“无废城市”建设试点，基本实现固体废物零进口。

**加强生态系统保护和修复。**协调推进生态保护红线评估优化和勘界定标。对各地排查违法违规挤占生态空间、破坏自然遗迹等行为情况进行检查。持续开展“绿盾”自然保护地强化监督。全力推动《生物多样性公约》第十五次缔约方大会圆满成功。开展国家生态文明建设示范市县和“绿水青山就是金山银山”实践创新基地评选工作。

**着力构建生态环境治理体系。**推动落实关于构建现代环境治理体系的指导意见、中央和国家机关有关部门生态环境保护责任清单。基本建立生态环境保护综合行政执法体制。构建以排污许可制为核心的固定污染源监管制度体系。健全生态环境监测和评价制度、生态环境损害赔偿制度。夯实生态环境科技支撑。强化生态环境保护宣传引导。加强国际交流和履约能力建设。妥善应对突发环境事件。

**加强生态环境保护督察帮扶指导。**持续开展中央生态环境保护督察。持续开展蓝天保卫战重点区域强化监督定点帮扶，聚焦污染防治攻坚战其他重点领域，开展统筹强化监督工作。精准分析影响生态环境质量的突出问题，分流域区域、分行业企业对症下药，实施精细化管理。充分发挥国家生态环境科技成果转化综合平台作用，切实提高环境治理措施的系统性、针对性、有效性。坚持依法行政、依法推进，规范自由裁量权，严格禁止“一刀切”，避免处置措施简单粗暴。

**充分发挥党建引领作用。**牢固树立“抓好党建是本职、不抓党建是失职、抓不好党建是渎职”的管党治党意识，始终把党的政治建设摆在首位，巩固深化“不忘初心、牢记使命”主题教育成果，着力解决形式主义突出问题，严格落实中央八项规定及其实施细则精神，进一步发挥巡视利剑作用，一体推进不敢腐、不能腐、不想腐，营造风清气正的政治生态，加快打造生态环境保护铁军。

# 编制说明

污染源普查是重大国情调查，生活源是第二次全国污染源普查五类普查对象之一。为贯彻《国务院关于开展第二次全国污染源普查的通知》和《国务院办公厅关于印发第二次全国污染源普查方案的通知》的精神和要求，生态环境部华南环境科学研究所受生态环境部第二次全国污染源普查工作办公室委托，牵头承担了生活污染源产排污系数测算项目，组织全国科研院所、高校、企业等共计 62 家单位，完成了城镇生活污水、农村生活污水和城乡居民能源使用和其他生活源的系数测算工作，编写了《第二次全国污染源普查产排污系数手册　生活源》（以下简称手册）。

相比第一次全国污染源普查，本次系数测算新增了农村生活污水、农村地区能源使用调查和挥发性有机物指标，改进完善了核算方法、更新了产排污系数，采用的技术方法更加科学合理。

本手册一共分为四个篇章。

**第一篇　城镇生活源水污染物产污校核系数**

在城镇范围内对居民家庭和第三产业产排污量统一核算，将城镇范围区分为较发达城市市区、一般城市市区、县城、镇区 4 类，将全国地域划分为 6 个分区，测算了人均日生活用水量、折污系数和 6 项污染物平均浓度等共计 576 个产污系数。通过产污系数结合地方统计数据核算污染物产生量后，扣减集中式污染物治理设施的污染物去除量，核算污染物排放量。编制人员包括陈中颖、朱家亮、滕辰亮、蔡美芳、乔怡莹、林奎、卢文洲、廖文、刘晓伟、王一舒、任秀文、周泉等。

**第二篇　农村居民生活水污染物产生系数**

将全国地域划分为 6 个分区，每个分区的农村范围分为 3 类地区，测算了 390 个产污系数，形成了“6 个分区-3 类地区-2 种厕所类型-1 项污水量指标和 6 项污染指标”的农村居民生活水污染物产生系数体系以及农村户用污水处理设备污染物去除率。通过产污系数核算污染物产生量后，扣减集中式和分散式污染物治理设施的污染物去除量，核算污染物排放量。编制人员包括蔡楠、王俊能、汪浩、林奎、晁建颖（生态环境部南京环境科学研究所）、虢清伟、陈尧、李明斌、胡国成、郑文丽、林兴周、吴伟勇、陈曦等。

**第三篇　城乡居民能源使用大气污染物产生与排放系数**

城乡居民能源使用污染建立了 16 类燃料燃烧过程二氧化硫、氮氧化物、颗粒物和挥发性有机物的 64 项产排污系数指标，产生系数与排放系数相同。通过产排污系数结合对应燃料消耗量核算污染物产生和排放量。编制人员包括沈国锋（北京大学）、梁小明、曹军骥（中国科学院地球环境研究所）、陈颖军（复旦大学）、陈来国、程和发（北京大学）、陶澍（北京大学）等。

**第四篇　其他生活源（其他城乡居民生活和第三产业）挥发性有机物排放系数**

其他生活源挥发性有机物排放来源于建筑涂料与胶粘剂使用、沥青道路铺装、餐饮油烟、干洗和典型日用品使用 5 类，建立了包括 5 类子源排污过程挥发性有机物的 13 项排放系数指标。通过排放系数结合对应的房屋竣工面积、道路长度或人口等活动水平，核算挥发性有机物排放量。编制人员包括陈来国、梁小明、卢清、刘明、苏燕花、陆海涛、任璐、林奎、朱李华、王硕、赖君怡、陈朋龙、赵伟、高博、孙家仁等。

值此手册付梓之际，向参加本项工作的所有单位和个人表示衷心的感谢。

# 目 录

# 第一篇

# 城镇生活源水污染物产污校核系数

# 1　适用范围

（1）本手册给出了城镇综合生活污水的产污校核系数，用于第二次全国污染源普查城镇生活源水污染物产生量与排放量的核算，也可供城镇生活污水治理规划和政策等制定工作参考。

（2）本系数属校核系数，用于校核各地相关普查数据是否在合理范围内。如普查数据低于校核系数下限或高于校核系数上限，则采用校核系数平均值进行产排污量计算。

（3）涉及的系数包括：人均日生活用水量，折污系数，城镇综合生活污水中的化学需氧量（$COD_{Cr}$）、五日生化需氧量（$BOD_5$）、氨氮、总氮、总磷、动植物油浓度。

# 2 主要术语与解释

## 2.1 产污校核系数

指城镇居民人均日生活用水量、折污系数和城镇综合生活污水中污染物浓度。系数分为上限、下限和平均值，分别指本地区、本类型城镇产污系数合理范围内最高值、最低值和平均值。

## 2.2 城镇综合生活污水

指城镇居民日常家庭用水和公共服务用水过程中排放，未经城镇污水处理设施处理的生活污水。居民日常家庭用水指饮用、烹调、洗涤、冲厕、洗澡等日常生活用水，公共服务用水包括娱乐场所、宾馆、浴室、餐饮、商业、其他服务业、学校和机关办公楼等用水，但不包括城市浇洒道路、绿地和市政等用水。

## 2.3 人均日生活用水量

指城镇居民中常住人口平均每人每天的生活用水量。生活用水量包括日常家庭用水量和公共服务用水量。

## 2.4 折污系数

指城镇居民用水过程中，城镇综合生活污水排放量与城镇综合生活用水量的比值。

## 2.5 市区

指市辖区建成区，包括：直辖市和地级市本级①街道办事处所辖地域；②城市公共设施、居住设施和市政公用设施等连接到的其他镇（乡）地域；③常住人口在 3000 人以上独立的工矿区、开发区、科研单位、大专院校等特殊区域。市区分为较发达城市市区和一般城市市区。

## 2.6 县城

指县、县级市、旗等县级行政区（市辖区除外）的建成区，包括：①县（市、旗）政府驻地的镇、乡或街道办事处地域；②县（市、旗）公共设施、居住设施和市政公用设施等连接到的其他镇（乡）地域；③县（市、旗）域内常住人口在 3000 人以上独立的工矿区、开发区、科研单位、大专院校等特殊区域。

## 2.7　镇区

指在市区和县城以外的其他建制镇，以及具有乡镇政府职能的特殊区域（农场、林场、牧场、渔场、团场、工矿区等），镇政府驻地的实际建设连接到的居民委员会和其他区域。

# 3 使用说明

## 3.1 地域分区

结合我国行政区划，并充分考虑地理环境因素、城市经济水平、气候特点和用排水特征等，将全国（不包括台湾、香港和澳门）划分为六个区域。分别如下：

东北（一区）：黑龙江、吉林、辽宁、内蒙古东部；

华北（二区）：北京、天津、河北、山西、河南、山东；

西北（三区）：陕西、宁夏、甘肃、青海、新疆、内蒙古中西部；

华东（四区）：上海、江苏、浙江、安徽、江西、福建；

中南（五区）：广东、广西、湖北、湖南、海南；

西南（六区）：重庆、四川、贵州、云南、西藏。

其中，内蒙古东部指通辽市、呼伦贝尔市、赤峰市、兴安盟四个地级行政区，内蒙古中西部指乌海市、鄂尔多斯市、阿拉善盟、呼和浩特市、包头市、巴彦淖尔市、锡林郭勒盟、乌兰察布市等其他地级行政区。

## 3.2 城镇分类

根据行政区划和城镇建设统计情况，把城乡区域分为市区、县城和镇区，划分标准见主要术语与解释。

按城市经济水平、第三产业比例、人均用水量和产排污特征差异，把市区进一步细分为较发达城市市区和一般城市市区，按所在城市的发达程度选取系数。较发达城市名单如下：

一区较发达城市：大连、长春、哈尔滨、沈阳、大庆、吉林、松原、鞍山、赤峰、牡丹江；

二区较发达城市：北京、天津、青岛、郑州、烟台、济南、唐山、潍坊、石家庄、淄博、济宁、洛阳、东营、沧州、威海、太原；

三区较发达城市：西安、鄂尔多斯、榆林、呼和浩特、包头、乌鲁木齐、兰州、咸阳、宝鸡、银川；

四区较发达城市：上海、苏州、杭州、南京、无锡、宁波、南通、泉州、合肥、福州、常州、徐州、温州、绍兴、盐城、扬州、南昌、台州、泰州、嘉兴、厦门；

五区较发达城市：深圳、广州、武汉、长沙、佛山、东莞、南宁、襄阳、惠州、中山、岳阳、常德、衡阳、柳州、江门、株洲、珠海、郴州、肇庆、湘潭、桂林、海口；

六区较发达城市：重庆、成都、昆明、贵阳、遵义、绵阳、德阳、曲靖、南充。

除上述城市外，其余城市均为一般城市。

## 3.3　系数查找

根据行政区所属省份确定所在的地区，然后根据所在城市名称确定为较发达城市或一般城市，然后查找该城市的市区、县城、镇区所对应的污染物产污校核系数。

## 3.4　校核过程

本手册系数主要起校核作用，人均日生活用水量和城镇综合生活污水平均浓度须通过系数校核后才能进行污染物产生量和排放量计算。

核算较发达城市市区、一般城市市区、县城和镇区的污染物产生量和排放量时，先查找相应地区和城镇类型的产污校核系数上限、下限；如当地普查获得的人均日生活用水量、城镇污水处理厂进口浓度最大月均值、入河（海）排污口枯水期监测值在校核系数上下限范围内，采用普查数据核算；如普查数据低于校核系数下限或高于校核系数上限，则采用校核系数平均值代替后，方可进行污染物产生量和排放量的核算。

## 3.5　其他说明

（1）本手册系数与城镇范围常住人口对应，即城市市区、县城和镇区中的常住人口，不包括上述地区以外的农村地区人口。

（2）系数中污染物浓度的测算节点为管网末端，即城镇综合生活污水排放至环境水体或集中式污染治理设施前。

（3）建筑物下水系统的化粪池对污染物浓度有一定影响。由于全国各地化粪池设置和管理情况难以调研确定，通过当地城镇污水处理厂进口浓度和入河（海）排污口监测值可基本反映当地情况，校核系数中污染物浓度的上下限也涵盖了化粪池系统是否完善的各种情况。

（4）本系数手册需对市区、县城和镇区分别计算，加和获得全市污染物产生总量和排放总量。如某地在环境管理中希望仅通过全市城镇人口估算全市污染物总量，可根据当地居住在市区、县城、镇区的人口比例，采用相应系数按人口比例折算。

# 4 核算方法

## 4.1 人均日生活用水量核算

利用普查获得的城镇综合生活用水量和用水人口计算，每座城市中的市区、县城、镇区分别核算，见式（1-4-1）。

$$q = 2.74\frac{Q_{用}}{R_{用}} \tag{1-4-1}$$

式中，$q$——人均日生活用水量，升；

$Q_{用}$——城镇综合生活年用水量，万米$^3$；

$R_{用}$——用水人口，万人。

人均日生活用水量须通过本手册系数校核，如超出合理范围则直接使用相应地区和城镇类型的校核系数平均值代入式（1-4-1）计算。

## 4.2 城镇综合生活污水平均浓度核算

利用入河（海）排污口监测结果和集中式污染治理设施普查结果计算，每座城市的所有市区、县城、镇区各核算一个结果，见式（1-4-2）。

$$c = \frac{\overline{c_i} + \overline{c_j}}{2} \tag{1-4-2}$$

式中，$c$——城镇综合生活污水平均浓度，毫克/升；

$\overline{c_i}$——城镇污水处理厂进口浓度平均值，毫克/升（采用市区、县城、镇区下各城镇污水处理厂进口浓度最大月均值的水量加权平均计算，水量加权平均指以各厂处理水量占区域内总处理水量比例作为各厂权重，通过集中式污染治理设施普查结果获取）；

$\overline{c_j}$——入河（海）排污口排污浓度平均值，毫克/升［采用市区、县城、镇区下入河（海）排污口枯水期监测值的水量加权平均计算，水量加权平均指以各排污口排放流量占区域内总排放流量比例作为各排污口权重］。

城镇污水处理厂和入河（海）排污口的每个监测数据都须经过本手册系数校核，如超出合理范围则直接使用相应地区和城镇类型的校核系数平均值代替该监测数据后，代入式（1-4-2）计算。

## 4.3 污染物产生量核算

以城镇常住人口数为基量，根据人均日生活用水量、折污系数和综合生活污水平均浓度，核算本区域的城镇综合生活污水及污染物产生量，每座城市中的市区、县城、市辖区和县域中的镇区分别核算，见式（1-4-3）和式（1-4-4）。

$$Q_0 = 0.365kqR \tag{1-4-3}$$

$$P_0 = 0.01cQ_0 \tag{1-4-4}$$

式中，$Q_0$——城镇综合生活污水年产生量，万米$^3$；

$k$——城镇综合生活污水折污系数，量纲一（直接采用本手册系数）；

$q$——人均日生活用水量，升［按式（1-4-1）计算，须通过本手册系数校核］；

$R$——城镇常住人口数，万人；

$P_0$——城镇生活源水污染物年产生量，吨；

$c$——城镇综合生活污水平均浓度，毫克/升［须通过本手册系数校核每个监测数据后按式（1-4-2）计算］。

## 4.4　污染物排放量核算

在污染物产生量核算的基础上，扣除城镇污水处理厂和部分处理生活污水的工业污水集中处理厂对城镇生活源水污染物的去除量，即可得到城镇生活源水污染物排放量，每座城市的市辖区（含市区和镇区）、县域（含县城和镇区）分别核算，见式（1-4-5）和式（1-4-6）。

$$Q = Q_0 \tag{1-4-5}$$

$$P = P_0 - P_R \tag{1-4-6}$$

式中，$Q$——城镇综合生活污水年排放量，万米$^3$；

$Q_0$——城镇综合生活污水年产生量，万米$^3$；

$P$——城镇生活源水污染物年排放量，吨；

$P_0$——城镇生活源水污染物年产生量，吨；

$P_R$——城镇污水处理厂、工业污水集中处理厂和其他污水处理厂的生活污水污染物去除量，吨（通过集中式污染治理设施普查结果获取）。

市辖区或县域的污染物排放量不得低于本地区所有污水处理厂的生活部分排放量之和，生活部分排放量指处理的生活污水量与排口浓度的乘积。如低于该值，则直接取该值作为本地区排放量。

# 5 示例

以河北省某市为例，以下数据均为示例，实际核算时以普查数据为准。

## 5.1 人均日生活用水量核算

该市共有 6 个市辖区，3 个县，属于二区一般城市。

统计该市的市区、各县城、镇区，获取城镇综合生活用水量和用水人口数据。代入式（1-4-1）计算人均日生活用水量，见表 1-5-1。

表 1-5-1 人均日生活用水量核算示例

| 项目 | 所有市辖区 | | 甲县 | | 乙县 | | 丙县 | |
|---|---|---|---|---|---|---|---|---|
| | 市区 | 镇区 | 县城 | 镇区 | 县城 | 镇区 | 县城 | 镇区 |
| 城镇综合生活年用水量/万米 $^3$ | 4400 | 2600 | 470 | 210 | 100 | 30 | 270 | 250 |
| 用水人口/万人 | 120 | 95 | 30 | 15 | 6 | 2 | 10 | 6 |
| 核算结果/升 | 100.47 | 74.99 | 42.93 | 38.36 | 45.67 | 41.10 | 73.98 | 114.17 |

查询手册，二区一般城市市区、县城、镇区的系数上下限范围分别为 98.9～222 升、74.8～208 升、53.5～150 升。校核发现甲县、乙县、丙县的部分人均日生活用水量不符合系数范围，采用县城、镇区的系数平均值 132 升、94.9 升代替；在系数范围内的其余核算结果可进行后续计算。

## 5.2 城镇综合生活污水平均浓度核算

假设该市共有 10 家城镇污水处理厂，30 个入河（海）排污口枯水期监测数据。识别城镇污水处理厂和入河（海）排污口的服务区域，分别区分为市区、县城、镇区类型。收集城镇污水处理厂和入河（海）排污口的污水流量和污染物浓度监测结果。

查询手册，以化学需氧量为例，二区一般城市市区、县城、镇区的系数上下限范围分别为 305～615 毫克/升、300～610 毫克/升、320～640 毫克/升。假设校核发现共有 4 家城镇污水处理厂、12 个入河（海）排污口监测结果不符合系数范围，采用市区、县城、镇区的系数平均值 435 毫克/升、430 毫克/升、455 毫克/升代替；在系数范围内的其余监测结果可进行后续计算。代入式（1-4-2）计算城镇综合生活污水平均浓度，见表 1-5-2。

表 1-5-2　化学需氧量平均浓度核算示例

| 项目 | 市区 | 县城 | 镇区 |
|---|---|---|---|
| 城镇污水处理厂进口浓度平均值/（毫克/升） | 426 | 393 | 352 |
| 入河（海）排污口排污浓度平均值/（毫克/升） | 395 | 356 | 455 |
| 核算结果/（毫克/升） | 410.5 | 374.5 | 403.5 |

城镇污水处理厂进口浓度平均值、入河（海）排污口排污浓度平均值由原始数据经系数校核后，采用流量加权平均计算。

## 5.3　污染物产生量核算

统计该市的市区、各县城、镇区，获得城镇常住人口数，并查询手册确定折污系数。代入式（1-4-3）计算城镇综合生活污水产生量，见表 1-5-3。

表 1-5-3　城镇综合生活污水产生量核算示例

| 项目 | 所有市辖区 | | 甲县 | | 乙县 | | 丙县 | |
|---|---|---|---|---|---|---|---|---|
| | 市区 | 镇区 | 县城 | 镇区 | 县城 | 镇区 | 县城 | 镇区 |
| 城镇常住人口数/万人 | 130 | 95 | 32 | 16 | 7 | 3 | 11 | 6 |
| 人均日生活用水量/升 | 100.47 | 74.99 | 132 | 94.9 | 132 | 94.9 | 132 | 114.17 |
| 折污系数 | 0.8 | 0.8 | 0.8 | 0.8 | 0.8 | 0.8 | 0.8 | 0.8 |
| 核算结果/万米 $^3$ | 3813.84 | 2080.22 | 1233.41 | 443.37 | 269.81 | 83.13 | 423.98 | 200.03 |

根据已获得的城镇综合生活污水平均浓度，核算城镇生活源水污染物产生量，代入式（1-4-4），以化学需氧量为例，见表 1-5-4。

表 1-5-4　化学需氧量产生量核算示例

| 项目 | 所有市辖区 | | 甲县 | | 乙县 | | 丙县 | |
|---|---|---|---|---|---|---|---|---|
| | 市区 | 镇区 | 县城 | 镇区 | 县城 | 镇区 | 县城 | 镇区 |
| 城镇综合生活污水年产生量/万米 $^3$ | 3813.84 | 2080.22 | 1233.41 | 443.37 | 269.81 | 83.13 | 423.98 | 200.03 |
| 化学需氧量平均浓度/（毫克/升） | 410.5 | 403.5 | 374.5 | 403.5 | 374.5 | 403.5 | 374.5 | 403.5 |
| 核算结果/万吨 | 15655.81 | 8393.69 | 4619.12 | 1789.00 | 1010.44 | 335.43 | 1587.81 | 807.12 |

## 5.4　污染物排放量核算

生活污水排放量等于生活污水产生量，见表 1-5-5。

表 1-5-5 生活污水排放量核算示例

| 项目 | 所有市辖区 | 甲县 | 乙县 | 丙县 |
| --- | --- | --- | --- | --- |
| 生活污水年排放量/万米 $^3$ | 5894.06 | 1676.78 | 352.94 | 624.01 |

根据集中式污染治理设施普查结果，获得各区县污水处理厂对生活污水污染物的去除量，各区县污染物产生量与去除量的差值即为污染物排放量。其中，所有市辖区加和计算，各县分别计算。

# 6　系数表

**表 1-6-1　一区城镇生活源水污染物产污校核系数**

| 城镇分类 | 指标名称 | 单位 | 产污系数下限值 | 产污系数平均值 | 产污系数上限值 |
|---|---|---|---|---|---|
| 较发达城市市区 | 人均日生活用水量 | 升/（人·天） | 135 | 189 | 262 |
| | 折污系数 | 量纲一 | 0.8～0.9* | | |
| | 化学需氧量 | 毫克/升 | 260 | 370 | 520 |
| | 五日生化需氧量 | 毫克/升 | 102 | 145 | 203 |
| | 氨氮 | 毫克/升 | 26.8 | 38.3 | 53.5 |
| | 总氮 | 毫克/升 | 36.0 | 51.5 | 72.1 |
| | 总磷 | 毫克/升 | 2.75 | 4.58 | 6.87 |
| | 动植物油 | 毫克/升 | 2.70 | 9.00 | 18.0 |
| 一般城市市区 | 人均日生活用水量 | 升/（人·天） | 85.7 | 131 | 228 |
| | 折污系数 | 量纲一 | 0.8～0.9* | | |
| | 化学需氧量 | 毫克/升 | 240 | 340 | 480 |
| | 五日生化需氧量 | 毫克/升 | 94.0 | 134 | 188 |
| | 氨氮 | 毫克/升 | 24.5 | 35.0 | 49.0 |
| | 总氮 | 毫克/升 | 32.9 | 47.0 | 65.8 |
| | 总磷 | 毫克/升 | 2.51 | 4.18 | 6.27 |
| | 动植物油 | 毫克/升 | 2.48 | 8.25 | 16.5 |
| 县城 | 人均日生活用水量 | 升/（人·天） | 64.4 | 116 | 207 |
| | 折污系数 | 量纲一 | 0.8～0.9* | | |
| | 化学需氧量 | 毫克/升 | 235 | 335 | 470 |
| | 五日生化需氧量 | 毫克/升 | 92.0 | 132 | 185 |
| | 氨氮 | 毫克/升 | 24.1 | 34.5 | 48.3 |
| | 总氮 | 毫克/升 | 32.5 | 46.5 | 65.1 |
| | 总磷 | 毫克/升 | 2.48 | 4.14 | 6.21 |
| | 动植物油 | 毫克/升 | 2.45 | 8.18 | 16.4 |
| 镇区 | 人均日生活用水量 | 升/（人·天） | 51.2 | 92.6 | 164 |
| | 折污系数 | 量纲一 | 0.8～0.9* | | |
| | 化学需氧量 | 毫克/升 | 245 | 345 | 485 |
| | 五日生化需氧量 | 毫克/升 | 95.0 | 136 | 190 |
| | 氨氮 | 毫克/升 | 25.0 | 35.8 | 50.0 |
| | 总氮 | 毫克/升 | 33.8 | 48.3 | 67.5 |
| | 总磷 | 毫克/升 | 2.57 | 4.28 | 6.42 |
| | 动植物油 | 毫克/升 | 2.54 | 8.48 | 17.0 |

*折污系数按以下方法确定：人均日生活用水量≤150 升/（人·天）时，折污系数取 0.8；人均日生活用水量≥250 升/（人·天）时，取 0.9；人均日生活用水量介于 150～250 升/（人·天）时，采用插值法确定。

表 1-6-2 二区城镇生活源水污染物产污校核系数

| 城镇分类 | 指标名称 | 单位 | 产污系数下限值 | 产污系数平均值 | 产污系数上限值 |
|---|---|---|---|---|---|
| 较发达城市市区 | 人均日生活用水量 | 升/（人·天） | 104 | 170 | 235 |
| | 折污系数 | 量纲一 | 0.8～0.9* | | |
| | 化学需氧量 | 毫克/升 | 370 | 530 | 745 |
| | 五日生化需氧量 | 毫克/升 | 167 | 238 | 333 |
| | 氨氮 | 毫克/升 | 42.4 | 60.5 | 84.6 |
| | 总氮 | 毫克/升 | 58.6 | 83.7 | 117 |
| | 总磷 | 毫克/升 | 3.93 | 6.55 | 9.83 |
| | 动植物油 | 毫克/升 | 1.99 | 6.64 | 13.3 |
| 一般城市市区 | 人均日生活用水量 | 升/（人·天） | 98.9 | 151 | 222 |
| | 折污系数 | 量纲一 | 0.8～0.9* | | |
| | 化学需氧量 | 毫克/升 | 305 | 435 | 615 |
| | 五日生化需氧量 | 毫克/升 | 138 | 196 | 275 |
| | 氨氮 | 毫克/升 | 34.7 | 49.6 | 69.4 |
| | 总氮 | 毫克/升 | 48.1 | 68.6 | 96.1 |
| | 总磷 | 毫克/升 | 3.24 | 5.40 | 8.10 |
| | 动植物油 | 毫克/升 | 1.63 | 5.44 | 10.9 |
| 县城 | 人均日生活用水量 | 升/（人·天） | 74.8 | 132 | 208 |
| | 折污系数 | 量纲一 | 0.8～0.9* | | |
| | 化学需氧量 | 毫克/升 | 300 | 430 | 610 |
| | 五日生化需氧量 | 毫克/升 | 136 | 194 | 272 |
| | 氨氮 | 毫克/升 | 34.4 | 49.1 | 68.8 |
| | 总氮 | 毫克/升 | 47.6 | 68.0 | 95.3 |
| | 总磷 | 毫克/升 | 3.19 | 5.31 | 7.97 |
| | 动植物油 | 毫克/升 | 1.62 | 5.39 | 10.8 |
| 镇区 | 人均日生活用水量 | 升/（人·天） | 53.5 | 94.9 | 150 |
| | 折污系数 | 量纲一 | 0.8～0.9* | | |
| | 化学需氧量 | 毫克/升 | 320 | 455 | 640 |
| | 五日生化需氧量 | 毫克/升 | 142 | 203 | 284 |
| | 氨氮 | 毫克/升 | 36.1 | 51.5 | 72.2 |
| | 总氮 | 毫克/升 | 50.2 | 71.7 | 100 |
| | 总磷 | 毫克/升 | 3.35 | 5.58 | 8.37 |
| | 动植物油 | 毫克/升 | 1.71 | 5.69 | 11.4 |

*折污系数按以下方法确定：人均日生活用水量≤150 升/（人·天）时，折污系数取 0.8；人均日生活用水量≥250 升/（人·天）时，取 0.9；人均日生活用水量介于 150～250 升/（人·天）时，采用插值法确定。

表 1-6-3　三区城镇生活源水污染物产污校核系数

| 城镇分类 | 指标名称 | 单位 | 产污系数下限值 | 产污系数平均值 | 产污系数上限值 |
|---|---|---|---|---|---|
| 较发达城市市区 | 人均日生活用水量 | 升/（人·天） | 74.5 | 157 | 210 |
| | 折污系数 | 量纲一 | 0.8～0.9* | | |
| | 化学需氧量 | 毫克/升 | 335 | 475 | 665 |
| | 五日生化需氧量 | 毫克/升 | 158 | 226 | 316 |
| | 氨氮 | 毫克/升 | 38.0 | 54.3 | 76.0 |
| | 总氮 | 毫克/升 | 51.6 | 73.8 | 103 |
| | 总磷 | 毫克/升 | 3.18 | 5.30 | 7.95 |
| | 动植物油 | 毫克/升 | 2.36 | 7.86 | 15.7 |
| 一般城市市区 | 人均日生活用水量 | 升/（人·天） | 64.7 | 150 | 319 |
| | 折污系数 | 量纲一 | 0.8～0.9* | | |
| | 化学需氧量 | 毫克/升 | 300 | 425 | 595 |
| | 五日生化需氧量 | 毫克/升 | 141 | 202 | 283 |
| | 氨氮 | 毫克/升 | 34.1 | 48.8 | 68.3 |
| | 总氮 | 毫克/升 | 46.4 | 66.3 | 92.8 |
| | 总磷 | 毫克/升 | 2.86 | 4.76 | 7.14 |
| | 动植物油 | 毫克/升 | 2.11 | 7.02 | 14.0 |
| 县城 | 人均日生活用水量 | 升/（人·天） | 54.9 | 115 | 200 |
| | 折污系数 | 量纲一 | 0.8～0.9* | | |
| | 化学需氧量 | 毫克/升 | 300 | 430 | 605 |
| | 五日生化需氧量 | 毫克/升 | 143 | 204 | 286 |
| | 氨氮 | 毫克/升 | 34.3 | 49.0 | 68.6 |
| | 总氮 | 毫克/升 | 46.9 | 66.9 | 93.6 |
| | 总磷 | 毫克/升 | 2.88 | 4.80 | 7.20 |
| | 动植物油 | 毫克/升 | 2.12 | 7.08 | 14.2 |
| 镇区 | 人均日生活用水量 | 升/（人·天） | 39.2 | 72.5 | 125 |
| | 折污系数 | 量纲一 | 0.8～0.9* | | |
| | 化学需氧量 | 毫克/升 | 360 | 510 | 715 |
| | 五日生化需氧量 | 毫克/升 | 169 | 242 | 339 |
| | 氨氮 | 毫克/升 | 40.8 | 58.3 | 81.5 |
| | 总氮 | 毫克/升 | 55.6 | 79.4 | 111 |
| | 总磷 | 毫克/升 | 3.42 | 5.70 | 8.55 |
| | 动植物油 | 毫克/升 | 2.54 | 8.46 | 16.9 |

*折污系数按以下方法确定：人均日生活用水量≤150 升/（人·天）时，折污系数取 0.8；人均日生活用水量≥250 升/（人·天）时，取 0.9；人均日生活用水量介于 150～250 升/（人·天）时，采用插值法确定。

表 1-6-4 四区城镇生活源水污染物产污校核系数

| 城镇分类 | 指标名称 | 单位 | 产污系数下限值 | 产污系数平均值 | 产污系数上限值 |
|---|---|---|---|---|---|
| 较发达城市市区 | 人均日生活用水量 | 升/（人·天） | 147 | 256 | 371 |
| | 折污系数 | 量纲一 | 0.8～0.9* | | |
| | 化学需氧量 | 毫克/升 | 245 | 345 | 485 |
| | 五日生化需氧量 | 毫克/升 | 92.0 | 131 | 183 |
| | 氨氮 | 毫克/升 | 22.9 | 32.8 | 45.9 |
| | 总氮 | 毫克/升 | 31.5 | 45.0 | 63.0 |
| | 总磷 | 毫克/升 | 2.56 | 4.26 | 6.39 |
| | 动植物油 | 毫克/升 | 1.58 | 5.30 | 10.6 |
| 一般城市市区 | 人均日生活用水量 | 升/（人·天） | 117 | 193 | 317 |
| | 折污系数 | 量纲一 | 0.8～0.9* | | |
| | 化学需氧量 | 毫克/升 | 220 | 310 | 435 |
| | 五日生化需氧量 | 毫克/升 | 83.0 | 118 | 165 |
| | 氨氮 | 毫克/升 | 20.6 | 29.5 | 41.3 |
| | 总氮 | 毫克/升 | 28.5 | 40.8 | 57.0 |
| | 总磷 | 毫克/升 | 2.30 | 3.84 | 5.76 |
| | 动植物油 | 毫克/升 | 1.44 | 4.80 | 9.6 |
| 县城 | 人均日生活用水量 | 升/（人·天） | 104 | 176 | 274 |
| | 折污系数 | 量纲一 | 0.8～0.9* | | |
| | 化学需氧量 | 毫克/升 | 220 | 315 | 440 |
| | 五日生化需氧量 | 毫克/升 | 84.0 | 120 | 168 |
| | 氨氮 | 毫克/升 | 21.0 | 30.0 | 42.0 |
| | 总氮 | 毫克/升 | 28.9 | 41.3 | 57.8 |
| | 总磷 | 毫克/升 | 2.34 | 3.90 | 5.85 |
| | 动植物油 | 毫克/升 | 1.46 | 4.85 | 9.7 |
| 镇区 | 人均日生活用水量 | 升/（人·天） | 79.9 | 136 | 210 |
| | 折污系数 | 量纲一 | 0.8～0.9* | | |
| | 化学需氧量 | 毫克/升 | 255 | 360 | 505 |
| | 五日生化需氧量 | 毫克/升 | 96.0 | 137 | 192 |
| | 氨氮 | 毫克/升 | 24.0 | 34.3 | 48.0 |
| | 总氮 | 毫克/升 | 33.1 | 47.3 | 66.1 |
| | 总磷 | 毫克/升 | 2.68 | 4.46 | 6.69 |
| | 动植物油 | 毫克/升 | 1.66 | 5.54 | 11.1 |

*折污系数按以下方法确定：人均日生活用水量≤150 升/（人·天）时，折污系数取 0.8；人均日生活用水量≥250 升/（人·天）时，取 0.9；人均日生活用水量介于 150～250 升/（人·天）时，采用插值法确定。

表 1-6-5　五区城镇生活源水污染物产污校核系数

| 城镇分类 | 指标名称 | 单位 | 产污系数下限值 | 产污系数平均值 | 产污系数上限值 |
|---|---|---|---|---|---|
| 较发达城市市区 | 人均日生活用水量 | 升/（人·天） | 194 | 317 | 482 |
| | 折污系数 | 量纲一 | 0.8～0.9* | | |
| | 化学需氧量 | 毫克/升 | 210 | 300 | 420 |
| | 五日生化需氧量 | 毫克/升 | 95.0 | 135 | 189 |
| | 氨氮 | 毫克/升 | 20.6 | 29.5 | 41.3 |
| | 总氮 | 毫克/升 | 28.5 | 40.8 | 57.0 |
| | 总磷 | 毫克/升 | 2.48 | 4.14 | 6.21 |
| | 动植物油 | 毫克/升 | 1.39 | 4.61 | 9.22 |
| 一般城市市区 | 人均日生活用水量 | 升/（人·天） | 143 | 238 | 385 |
| | 折污系数 | 量纲一 | 0.8～0.9* | | |
| | 化学需氧量 | 毫克/升 | 200 | 285 | 400 |
| | 五日生化需氧量 | 毫克/升 | 90.0 | 129 | 181 |
| | 氨氮 | 毫克/升 | 19.8 | 28.3 | 39.5 |
| | 总氮 | 毫克/升 | 27.3 | 39.0 | 54.6 |
| | 总磷 | 毫克/升 | 2.38 | 3.96 | 5.94 |
| | 动植物油 | 毫克/升 | 1.31 | 4.39 | 8.78 |
| 县城 | 人均日生活用水量 | 升/（人·天） | 106 | 174 | 293 |
| | 折污系数 | 量纲一 | 0.8～0.9* | | |
| | 化学需氧量 | 毫克/升 | 185 | 260 | 365 |
| | 五日生化需氧量 | 毫克/升 | 82.0 | 117 | 164 |
| | 氨氮 | 毫克/升 | 18.0 | 25.8 | 36.0 |
| | 总氮 | 毫克/升 | 24.9 | 35.5 | 49.8 |
| | 总磷 | 毫克/升 | 2.16 | 3.60 | 5.40 |
| | 动植物油 | 毫克/升 | 1.21 | 4.01 | 8.02 |
| 镇区 | 人均日生活用水量 | 升/（人·天） | 81.7 | 135 | 227 |
| | 折污系数 | 量纲一 | 0.8～0.9* | | |
| | 化学需氧量 | 毫克/升 | 195 | 275 | 385 |
| | 五日生化需氧量 | 毫克/升 | 86.0 | 123 | 172 |
| | 氨氮 | 毫克/升 | 18.9 | 27.0 | 37.8 |
| | 总氮 | 毫克/升 | 25.9 | 37.0 | 51.8 |
| | 总磷 | 毫克/升 | 2.26 | 3.76 | 5.64 |
| | 动植物油 | 毫克/升 | 1.26 | 4.20 | 8.40 |

*折污系数按以下方法确定：人均日生活用水量≤150 升/（人·天）时，折污系数取 0.8；人均日生活用水量≥250 升/（人·天）时，取 0.9；人均日生活用水量介于 150～250 升/（人·天）时，采用插值法确定。

表 1-6-6　六区城镇生活源水污染物产污校核系数

| 城镇分类 | 指标名称 | 单位 | 产污系数下限值 | 产污系数平均值 | 产污系数上限值 |
|---|---|---|---|---|---|
| 较发达城市市区 | 人均日生活用水量 | 升/（人·天） | 139 | 232 | 416 |
| | 折污系数 | 量纲一 | 0.8～0.9* | | |
| | 化学需氧量 | 毫克/升 | 252 | 360 | 504 |
| | 五日生化需氧量 | 毫克/升 | 110 | 157 | 220 |
| | 氨氮 | 毫克/升 | 29.1 | 41.6 | 58.3 |
| | 总氮 | 毫克/升 | 38.5 | 55.0 | 76.9 |
| | 总磷 | 毫克/升 | 2.78 | 4.64 | 6.96 |
| | 动植物油 | 毫克/升 | 2.41 | 8.03 | 16.1 |
| 一般城市市区 | 人均日生活用水量 | 升/（人·天） | 102 | 186 | 435 |
| | 折污系数 | 量纲一 | 0.8～0.9* | | |
| | 化学需氧量 | 毫克/升 | 230 | 330 | 465 |
| | 五日生化需氧量 | 毫克/升 | 99.0 | 142 | 199 |
| | 氨氮 | 毫克/升 | 26.5 | 37.7 | 52.8 |
| | 总氮 | 毫克/升 | 34.7 | 49.7 | 69.6 |
| | 总磷 | 毫克/升 | 2.52 | 4.20 | 6.30 |
| | 动植物油 | 毫克/升 | 2.18 | 7.26 | 14.5 |
| 县城 | 人均日生活用水量 | 升/（人·天） | 78.2 | 146 | 290 |
| | 折污系数 | 量纲一 | 0.8～0.9* | | |
| | 化学需氧量 | 毫克/升 | 210 | 295 | 415 |
| | 五日生化需氧量 | 毫克/升 | 90.0 | 128 | 179 |
| | 氨氮 | 毫克/升 | 23.8 | 34.0 | 47.6 |
| | 总氮 | 毫克/升 | 31.4 | 44.9 | 62.8 |
| | 总磷 | 毫克/升 | 2.28 | 3.80 | 5.70 |
| | 动植物油 | 毫克/升 | 1.98 | 6.57 | 13.1 |
| 镇区 | 人均日生活用水量 | 升/（人·天） | 59.2 | 111 | 220 |
| | 折污系数 | 量纲一 | 0.8～0.9* | | |
| | 化学需氧量 | 毫克/升 | 220 | 315 | 440 |
| | 五日生化需氧量 | 毫克/升 | 95.0 | 136 | 190 |
| | 氨氮 | 毫克/升 | 25.3 | 36.1 | 50.6 |
| | 总氮 | 毫克/升 | 33.5 | 47.8 | 66.9 |
| | 总磷 | 毫克/升 | 2.42 | 4.04 | 6.06 |
| | 动植物油 | 毫克/升 | 2.09 | 6.99 | 14.0 |

*折污系数按以下方法确定：人均日生活用水量≤150 升/（人·天）时，折污系数取 0.8；人均日生活用水量≥250 升/（人·天）时，取 0.9；人均日生活用水量介于 150～250 升/（人·天）时，采用插值法确定。

# 第二篇

# 农村居民生活水污染物产生系数

# 1　适用范围

（1）本手册给出了农村居民生活污水及污染物的产生系数和农村户用污水处理设备污染物去除率，用于第二次全国污染源普查农村居民生活水污染物产生量和排放量的核算，也可供农村生活污水治理规划和政策等制定工作参考。

（2）涉及的系数指标包括：生活污水量及其中的化学需氧量、五日生化需氧量、氨氮、总氮、总磷、动植物油。

# 2 主要术语与解释

## 2.1 农村居民生活污水

指农村居民在日常生活活动中所产生的污水。其中，厨房炊事、洗漱、洗涤和洗浴等活动产生的污水，俗称为“灰水”；水冲式厕所产生的冲厕污水（即粪尿污水），俗称为“黑水”。无水冲式厕所的粪污不计入农村居民生活污水。

## 2.2 污水及污染物产生系数

指农村居民每人每天平均产生的生活污水量及污染物量。其中，无水冲式厕所的产生系数即为“灰水”的产生系数；有水冲式厕所的产生系数为“灰水”产生系数与“黑水”产生系数之和。

## 2.3 经初级处理产生系数

指“黑水”通过化粪池的初级处理后和“灰水”混合的污染物产生系数，由化粪池的去除率和“灰水”“黑水”产生系数折算得出。

## 2.4 户用污水处理设备污染物去除率

指农村居民生活污水经分散式污水处理设施后水污染物的去除效率。

# 3　使用说明

## 3.1　地域分区

结合我国行政区划，考虑地理环境因素、气候特点、排水特征和生活习惯等，将全国（不包括台湾、香港和澳门）划分为六个区域。分别如下：

东北（一区）：辽宁、吉林、黑龙江、内蒙古东部 ；

华北（二区）：北京、天津、河北、河南、山西、山东；

西北（三区）：陕西、甘肃、青海、宁夏、新疆、内蒙古中西部；

华东（四区）：上海、江苏、浙江、安徽、福建、江西；

中南（五区）：湖北、湖南、广东、广西、海南；

西南（六区）：重庆、四川、贵州、云南、西藏。

其中，内蒙古东部指通辽市、呼伦贝尔市、赤峰市、兴安盟四个地级行政区，内蒙古中西部指乌海市、鄂尔多斯市、阿拉善盟、呼和浩特市、包头市、巴彦淖尔市、锡林郭勒盟、乌兰察布市等其他地级行政区。

## 3.2　农村分类

以农村居民人均可支配收入为主要依据，在上述六个区域的基础上，将同一区域的直辖市、地级市以及省直辖县等行政区域的农村地区划分为三类。附表中列出了六个区域所有直辖市、地级市以及省直辖县等行政区域的农村分类，并在系数表单中分别列出各个区域三类地区对应的农村居民生活污水及污染物产生系数。

## 3.3　系数查找

在附表中按本县（区、市、旗）所属省份查找所在的地域分区，然后在分区表上找出该县（区、市、旗）所在地区所属的农村分类，由分区、分类确定系数表单中所对应的农村居民生活污水及污染物产生系数。各区域对应系数表单，见表 2-6-1 至表 2-6-7。

## 3.4　其他说明

（1）根据农村厕所类型，系数表单给出了无水冲式厕所的“产生系数”以及有水冲式厕所的“产生系数”和“经初级处理产生系数”。

（2）系数表单中的“产生系数”，应用于农村居民日常产生的生活污水未经任何处理设施直接排放到户外环境的型式。

（3）系数表单中“经初级处理产生系数”，适用于设置“化粪池”等初级处理设施的地区，应用于农村居民日常生活中的冲厕污水（即“黑水”）通过住所下水系统的化粪池等初级处理设施处理后有尾水排出户外环境的型式。

（4）系数表单中“农村户用污水处理设备污染物去除率”，适用于设置“户用污水处理设备”等分散式生活污水处理设施的农村地区，应用于农村居民生活污水通过住所下水系统排入分散式户用污水处理设备的型式。

# 4　核算方法

## 4.1　行政村居民生活污水及污染物产生量

### 4.1.1　行政村居民生活污水产生量

$$Q_{V}=0.365k\left(m_{1}q_{c}+m_{2}q_{d}\right) \qquad (2\text{-}4\text{-}1)$$

式中，$Q_V$——行政村居民生活污水年产生量，米³/年；

$k$——每户平均人口，人/户；

$m_1$——有水冲式厕所的户数，户；

$m_2$——无水冲式厕所户数，户；

$q_c$——有水冲式厕所的农村居民生活污水产生系数，升/（人·天）（对应系数取值由本系数手册提供）；

$q_d$——无水冲式厕所的农村居民生活污水产生系数，升/（人·天）（对应系数取值由本系数手册提供）。

### 4.1.2　行政村居民生活水污染物产生量

$$W_{PO}=0.365k\left[\left(m_{1}-m_{3}\right)F_{c}+m_{3}F_{co}+m_{2}F_{d}\right] \qquad (2\text{-}4\text{-}2)$$

式中，$W_{PO}$——行政村居民生活（某种）水污染物年产生量，千克/年；

$m_3$——冲厕污水经化粪池后排入下水管道的户数，户；

$F_c$——有水冲式厕所的农村居民生活（某种）水污染物产生系数（包含冲厕污水），克/（人·天）（对应系数取值由本系数手册提供）；

$F_d$——无水冲式厕所的农村居民生活（某种）水污染物产生系数（没有冲厕污水），克/（人·天）（对应系数取值由本系数手册提供）；

$F_{co}$——有水冲式厕所的农村居民生活（某种）水污染物经初级处理产生系数，克/（人·天）（对应系数取值由本系数手册提供）。

## 4.2　行政村按排水去向核算污水及污染物产生量

### 4.2.1　直排入农田污水及污染物量

$$Q_{Vo1}=\frac{n_{1}}{M}Q_{V} \qquad (2\text{-}4\text{-}3)$$

式中，$Q_{\mathrm{Vo1}}$——行政村居民生活污水直排入农田的年污水量，米$^3$/年；

$M$——行政村的常住户数，户；

$n_1$——行政村居民生活污水直排入农田的户数，户。

$$W_{\mathrm{po1}}=\frac{n_1}{M}W_{\mathrm{po}} \tag{2-4-4}$$

式中，$W_{\mathrm{po1}}$——行政村居民生活（某种）水污染物直排入农田的年产生量，千克/年。

#### 4.2.2 直排入水体污水及污染物量

$$Q_{\mathrm{Vo2}}=\frac{n_2}{M}Q_{\mathrm{V}} \tag{2-4-5}$$

式中，$Q_{\mathrm{Vo2}}$——行政村居民生活污水直排入水体的年污水量，米$^3$/年；

$n_2$——行政村居民生活污水直排入水体的户数，户。

$$W_{\mathrm{po2}}=\frac{n_2}{M}W_{\mathrm{po}} \tag{2-4-6}$$

式中，$W_{\mathrm{po2}}$——行政村居民生活（某种）水污染物直排入水体的年产生量，千克/年。

#### 4.2.3 排入户用污水处理设备污水及污染物量

$$Q_{\mathrm{Vo3}}=\frac{n_3}{M}Q_{\mathrm{V}} \tag{2-4-7}$$

式中，$Q_{\mathrm{Vo3}}$——行政村居民生活污水排入户用污水处理设备的年污水量，米$^3$/年；

$n_3$——行政村居民生活污水排入户用污水处理设备的户数，户。

$$W_{\mathrm{po3}}=\frac{n_3}{M}W_{\mathrm{po}} \tag{2-4-8}$$

式中，$W_{\mathrm{po3}}$——行政村居民生活（某种）水污染物排入户用污水处理设备的年产生量，千克/年。

#### 4.2.4 进入农村集中式污水处理设施污水及污染物量

$$Q_{\mathrm{Vo4}}=\frac{n_4}{M}Q_{\mathrm{V}} \tag{2-4-9}$$

式中，$Q_{\mathrm{Vo4}}$——行政村居民生活污水进入农村集中式生活污水处理设施的年污水量，米$^3$/年；

$n_4$——行政村居民生活污水进入农村集中式生活污水处理设施的户数，户。

$$W_{\mathrm{po4}}=\frac{n_4}{M}W_{\mathrm{po}} \tag{2-4-10}$$

式中，$W_{\mathrm{po4}}$——行政村居民生活（某种）水污染物进入农村生活污水处理设施的年产生量，千克/年。

### 4.2.5　进入城镇市政管网污水及污染物量

$$Q_{\mathrm{Vo5}}=\frac{n_5}{M}Q_{\mathrm{V}} \tag{2-4-11}$$

式中，$Q_{\mathrm{Vo5}}$——行政村居民生活污水进入市政管网的年污水量，米$^3$/年；

$n_5$——行政村居民生活污水进入市政管网的户数，户。

$$W_{\mathrm{po5}}=\frac{n_5}{M}W_{\mathrm{po}} \tag{2-4-12}$$

式中，$W_{\mathrm{po5}}$——行政村居民生活（某种）水污染物进入市政管网的年产生量，千克/年。

### 4.2.6　其他去向

以上 5 类去向之外的其他排放去向，如地渗、蒸发等方式。

$$Q_{\mathrm{Vo6}}=\frac{n_6}{M}Q_{\mathrm{V}} \tag{2-4-13}$$

式中，$Q_{\mathrm{Vo6}}$——行政村居民生活污水其他排放去向的年污水量，米$^3$/年；

$n_6$——行政村居民生活污水其他排放去向的户数，户。

$$W_{\mathrm{po6}}=\frac{n_6}{M}W_{\mathrm{po}} \tag{2-4-14}$$

式中，$W_{\mathrm{po6}}$——行政村居民生活（某种）水污染物其他排放去向的年产生量，千克/年。

## 4.3　区县级农村居民生活污水及污染物产生量、排放量汇总

### 4.3.1　区县级农村居民生活污水及污染物产生总量

$$Q_{\mathrm{VA}}=\sum Q_{\mathrm{V}i}/10000 \tag{2-4-15}$$

$$W_{\mathrm{PA}}=\sum W_{\mathrm{po}i}/1000 \tag{2-4-16}$$

式中，$Q_{\mathrm{VA}}$——本县（区、市、旗）的农村居民生活污水产生总量，万米$^3$/年；

$W_{\mathrm{PA}}$——本县（区、市、旗）的农村居民生活（某种）水污染物产生总量，吨/年；

$Q_{\mathrm{V}i}$——属于本县（区、市、旗）的第 $i$ 个行政村居民生活污水产生量，米$^3$/年；

$W_{\mathrm{po}i}$——属于本县（区、市、旗）的第 $i$ 个行政村居民生活（某种）水污染物产生量，千克/年。

### 4.3.2　区县级农村居民生活污水及污染物排放总量

$$Q_{\mathrm{UO}}=Q_{\mathrm{VA}} \tag{2-4-17}$$

$$W_{\mathrm{PU}}=W_{\mathrm{PA}}-\frac{\eta_{\mathrm{h}}\sum W_{\mathrm{PO3}}}{1000}-\frac{\eta_{\mathrm{JN}}\sum W_{\mathrm{PO4}}}{1000}-\frac{\eta_{\mathrm{JC}}\sum W_{\mathrm{PO5}}}{1000} \tag{2-4-18}$$

式中，$Q_{\mathrm{UO}}$——本县（区、市、旗）的农村居民生活污水排放总量，万米$^3$/年；

$W_{\mathrm{PU}}$——本县（区、市、旗）的农村居民生活（某种）水污染物排放总量，吨/年；

$\eta_{\mathrm{h}}$——农村户用污水处理设备的（某种）污染物去除率，量纲一（由本系数手册提供）；

$\eta_{\mathrm{JN}}$——属于本县（区、市、旗）的所有农村集中式生活污水处理设施的（某种）污染物平均去除率，量纲一（由“区县农村集中式污水处理设施核算结果”提供）；

$\eta_{\mathrm{JC}}$——本地区的农村生活污水通过城镇市政管网排入城镇集中式生活污水处理设施的（某种）污染物平均去除率，量纲一（由《集中式污染治理设施产排污系数手册》“城镇污水处理厂水污染物产排污参考值”中的污染物进口浓度和出口浓度进行折算）。

# 5 示例

以浙江省湖州市 A 县为例，以下涉及的数据均为示例，实际核算时应以普查数据为准。

该县农村居民生活污水及污染物（以化学需氧量为例）产生量采用系数法核算，主要步骤如下。

## 5.1 确定农村居民生活污水及污染物产生系数

首先，从“地域分区”可知浙江省属于四区，根据附表 2-6-4 查找到湖州市位于四区一类地区；根据以上信息，从系数表 2-6-4“四区农村居民生活污水及污染物产生系数”中查找到一类地区的农村居民生活污水及化学需氧量产生系数，见表 2-5-1。

表 2-5-1　四区一类农村居民生活污水及污染物产生系数

| 农村地区分类 | 指标 | 单位 | 厕所类型 | 产生系数 | 经初级处理产生系数 |
| --- | --- | --- | --- | --- | --- |
| 一类 | 生活污水量 | 升/（人·天） | 无水冲式厕所 | 41.8 | — |
| | 化学需氧量 | 克/（人·天） | | 28.2 | — |
| | 生活污水量 | 升/（人·天） | 有水冲式厕所 | 63.2 | 63.2 |
| | 化学需氧量 | 克/（人·天） | | 52.1 | 40.2 |

即有水冲式厕所的农村居民生活污水产生系数 $q_c$= 63.2 升/（人·天），无水冲式厕所的农村居民生活污水产生系数 $q_d$= 41.8 升/（人·天）；

有水冲式厕所的农村生活污水中化学需氧量产生系数$F_c$= 52.1克/（人·天），无水冲式厕所的农村生活污水中化学需氧量产生系数$F_d$= 28.2克/（人·天），有水冲式厕所的化学需氧量经初级处理产生系数$F_{co}$= 40.2克/（人·天）。

## 5.2 核算行政村居民生活污水及污染物产生量

### 5.2.1 获取行政村普查基量

湖州市 A 县某行政村普查填报的指标，见表 2-5-2。

表 2-5-2　A 县某行政村农村生活污水有关信息

| 指标名称 | 计量单位 | 代码 | 指标值 |
| --- | --- | --- | --- |
| 甲 | 乙 | 丙 | 1 |
| 一、人口基本情况 | — | — | — |
| 常住户数 | 户 | 01 | 330 |

| 指标名称 | 计量单位 | 代码 | 指标值 |
|---|---|---|---|
| 常住人口 | 人 | 02 | 1221 |
| 二、住房厕所类型 | — | — | — |
| 有水冲式厕所户数 | 户 | 03 | 330 |
| 无水冲式厕所户数 | 户 | 04 | 0 |
| 三、人粪尿处理情况 | — | — | — |
| 经化粪池后排入下水管道的户数 | 户 | 09 | 72 |
| 四、生活污水排放去向 | — | — | — |
| 直排入农田的户数 | 户 | 11 | 0 |
| 直排入水体的户数 | 户 | 12 | 0 |
| 排入户用污水处理设备的户数 | 户 | 13 | 245 |
| 进入农村集中式处理设施的户数 | 户 | 14 | 72 |
| 进入市政管网的户数 | 户 | 15 | 0 |
| 其他 | 户 | 16 | 13 |

即每户平均人口 $k$=常住人口/常住户数=1221/330=3.70 人/户；

行政村的常住户数 $M$=330 户；

住房厕所类型：有水冲式厕所户数 $m_1$=330 户，无水冲式厕所户数 $m_2$=0 户；

人粪尿处理情况：经化粪池后排入下水管道的户数 $m_3$=72 户；

生活污水排放去向：$n_1$= 0 户，$n_2$=0 户，$n_3$=245 户，$n_4$=72 户，$n_5$=0 户，$n_6$=13 户。

## 5.2.2 计算行政村居民生活污水产生量

（1）根据式（2-4-1）计算该行政村居民生活污水产生量

$$Q_V = 0.365 \times 3.70 \times (330 \times 63.2 + 0 \times 41.8) = 28166.03 \text{（米}^3\text{/年）}$$

（2）按式（2-4-7）计算排入户用污水处理设备的污水量

$$Q_{Vo3} = \frac{245}{330} \times 28166.03 = 20911.14 \text{（米}^3\text{/年）}$$

（3）按式（2-4-9）计算进入农村集中式处理设施的污水量

$$Q_{Vo4} = \frac{72}{330} \times 28166.03 = 6145.32 \text{（米}^3\text{/年）}$$

（4）按式（2-4-13）计算其他去向的污水量

$$Q_{Vo6} = \frac{13}{330} \times 28166.03 = 1109.57 \text{（米}^3\text{/年）}$$

（5）其余排水去向的污水量均为 0。

行政村居民生活污水产生量及去向计算结果列于表 2-5-3。

### 5.2.3　计算行政村居民生活污水中化学需氧量产生量

（1）根据式（2-4-2）计算该行政村居民生活污水中化学需氧量产生量

$$W_{po} = 0.365 \times 3.70 \times \left[ (330 - 72) \times 52.1 + 72 \times 40.2 + 0 \times 28.2 \right] = 22062.04 \text{（千克/年）}$$

（2）按式（2-4-8）计算排入户用污水处理设备的化学需氧量

$$W_{po3} = \frac{245}{330} \times 22062.04 = 16379.39 \text{（千克/年）}$$

（3）按式（2-4-10）计算进入农村集中式处理设施的化学需氧量

$$W_{po4} = \frac{72}{330} \times 22062.04 = 4813.54 \text{（千克/年）}$$

（4）按式（2-4-14）计算其他去向的化学需氧量

$$W_{po6} = \frac{13}{330} \times 22062.04 = 869.11 \text{（千克/年）}$$

（5）其余排水去向的化学需氧量均为 0。

行政村居民生活污水中化学需氧量产生量及去向计算结果列于表 2-5-3。

表 2-5-3　A 县某行政村居民生活污水及化学需氧量产生量

| 指标<br>产生量 | 生活污水/（米³/年） | 化学需氧量/（千克/年） |
|---|---|---|
| 总计 | 28166.03 | 22062.04 |
| 其中：直排入农田 | 0 | 0 |
| 直排入水体 | 0 | 0 |
| 排入户用污水处理设备 | 20911.14 | 16379.39 |
| 进入农村集中式处理设施 | 6145.32 | 4813.54 |
| 进入市政管网 | 0 | 0 |
| 其他 | 1109.57 | 869.11 |

## 5.3　核算县级农村居民生活污水及污染物产生量、排放量

### 5.3.1　县级农村居民生活污水及污染物产生总量

按照步骤 2，分别计算湖州市 A 县中每个行政村居民生活污水和化学需氧量产生量以及 6 类排水去向的污水量和化学需氧量，然后按式（2-4-15）、式（2-4-16）对 A 县每个行政村进行累加，得到湖州市 A 县农村居民生活污水和化学需氧量产生总量以及 6 类排水去向的污水量和化学需氧量，计算结果见表 2-5-4。

$$\text{生活污水产生总量：} Q_{VA} = \sum Q_{Vi} / 10000 = 807.66 \text{（万米}^3\text{/年）}$$

化学需氧量产生总量：$W_{PA}=\sum W_{POi}/1\,000=6148.375$（吨/年）

**表 2-5-4 湖州市 A 县农村居民生活污水及化学需氧量产生总量**

| 指标<br>产生量 | 生活污水/<br>（万米 $^3$/年） | 化学需氧量/<br>（吨/年） |
|---|---|---|
| 总计 | 807.66 | 6148.375 |
| 其中：直排入农田 | 13.17 | 104.932 |
| 直排入水体 | 10.54 | 81.325 |
| 排入户用污水处理设备 | 322.73 | 2520.616 |
| 进入农村集中式处理设施 | 322.58 | 2428.717 |
| 进入市政管网 | 99.72 | 715.968 |
| 其他 | 38.92 | 296.817 |

## 5.3.2 县级农村居民生活污水及污染物排放总量

（1）根据式（2-4-17），湖州市 A 县农村居民生活污水排放总量=生活污水产生总量=807.66 万米 $^3$/年。

（2）从表 2-5-4 可见，该县有户用污水处理设备，查看表 2-6-7 四区对应的农村户用污水处理设备的化学需氧量去除率为 51.7%。

（3）从表 2-5-4 可见，该县有农村集中式污水处理设施，其化学需氧量平均去除率由湖州市 A 县农村集中式污水处理设施核算结果提供，假设为 56.9%。

（4）从表 2-5-4 可见，该县农村生活污水有进入市政管网的；由《集中式污染治理设施产排污系数手册》“城镇污水处理厂水污染物产排污参考值”获取湖州市城镇生活源化学需氧量进口浓度和出口浓度，由此计算出湖州市城镇污水处理厂化学需氧量平均去除率为：$\eta_{JC}$=1−（城镇污水处理厂化学需氧量出口浓度/化学需氧量进口浓度）=84.3%。

（5）根据式（2-4-18）计算出湖州市 A 县的农村居民生活水污染物中化学需氧量排放总量如下：

$$W_{PU}=6148.375-51.7\%\times2520.616-56.9\%\times2428.717-84.3\%\times715.968$$
$$=2859.72\text{（吨/年）}$$

# 6　系数表

表 2-6-1　一区农村居民生活污水及污染物产生系数

| 农村分类 | 指标 | 单位 | 厕所类型 | 产生系数 | 经初级处理产生系数 |
|---|---|---|---|---|---|
| 一类 | 生活污水量 | 升/（人·天） | 无水冲式厕所 | 28.0 | — |
| | 化学需氧量 | 克/（人·天） | | 23.2 | — |
| | 五日生化需氧量 | | | 9.9 | — |
| | 氨氮 | | | 0.12 | — |
| | 总氮 | | | 0.68 | — |
| | 总磷 | | | 0.10 | — |
| | 动植物油 | | | 0.70 | — |
| | 生活污水量 | 升/（人·天） | 有水冲式厕所 | 45.6 | 45.6 |
| | 化学需氧量 | 克/（人·天） | | 40.4 | 35.1 |
| | 五日生化需氧量 | | | 16.5 | 14.6 |
| | 氨氮 | | | 2.34 | 2.34 |
| | 总氮 | | | 3.71 | 3.36 |
| | 总磷 | | | 0.18 | 0.16 |
| | 动植物油 | | | 0.88 | 0.81 |
| 二类 | 生活污水量 | 升/（人·天） | 无水冲式厕所 | 23.5 | — |
| | 化学需氧量 | 克/（人·天） | | 18.7 | — |
| | 五日生化需氧量 | | | 7.4 | — |
| | 氨氮 | | | 0.11 | — |
| | 总氮 | | | 0.65 | — |
| | 总磷 | | | 0.09 | — |
| | 动植物油 | | | 0.48 | — |
| | 生活污水量 | 升/（人·天） | 有水冲式厕所 | 39.3 | 39.3 |
| | 化学需氧量 | 克/（人·天） | | 34.0 | 29.5 |
| | 五日生化需氧量 | | | 13.0 | 11.4 |
| | 氨氮 | | | 2.20 | 2.20 |
| | 总氮 | | | 3.58 | 3.25 |
| | 总磷 | | | 0.17 | 0.15 |
| | 动植物油 | | | 0.58 | 0.55 |
| 三类 | 生活污水量 | 升/（人·天） | 无水冲式厕所 | 19.4 | — |
| | 化学需氧量 | 克/（人·天） | | 15.9 | — |
| | 五日生化需氧量 | | | 6.3 | — |
| | 氨氮 | | | 0.10 | — |

| 农村分类 | 指标 | 单位 | 厕所类型 | 产生系数 | 经初级处理产生系数 |
|---|---|---|---|---|---|
| 三类 | 总氮 | 克/（人·天） | 无水冲式厕所 | 0.58 | — |
| | 总磷 | | | 0.08 | — |
| | 动植物油 | | | 0.37 | — |
| | 生活污水量 | 升/（人·天） | 有水冲式厕所 | 33.3 | 33.3 |
| | 化学需氧量 | 克/（人·天） | | 29.0 | 25.7 |
| | 五日生化需氧量 | | | 10.9 | 9.8 |
| | 氨氮 | | | 1.88 | 1.88 |
| | 总氮 | | | 3.08 | 2.83 |
| | 总磷 | | | 0.16 | 0.14 |
| | 动植物油 | | | 0.48 | 0.45 |

表 2-6-2 二区农村居民生活污水及污染物产生系数

| 农村分类 | 指标 | 单位 | 厕所类型 | 产生系数 | 经初级处理产生系数 |
|---|---|---|---|---|---|
| 一类 | 生活污水量 | 升/（人·天） | 无水冲式厕所 | 30.6 | — |
| | 化学需氧量 | 克/（人·天） | | 25.8 | — |
| | 五日生化需氧量 | | | 10.1 | — |
| | 氨氮 | | | 0.11 | — |
| | 总氮 | | | 0.46 | — |
| | 总磷 | | | 0.10 | — |
| | 动植物油 | | | 0.72 | — |
| | 生活污水量 | 升/（人·天） | 有水冲式厕所 | 49.8 | 49.8 |
| | 化学需氧量 | 克/（人·天） | | 44.6 | 38.1 |
| | 五日生化需氧量 | | | 16.9 | 14.3 |
| | 氨氮 | | | 3.05 | 3.05 |
| | 总氮 | | | 4.46 | 4.04 |
| | 总磷 | | | 0.23 | 0.20 |
| | 动植物油 | | | 0.82 | 0.76 |
| 二类 | 生活污水量 | 升/（人·天） | 无水冲式厕所 | 24.6 | — |
| | 化学需氧量 | 克/（人·天） | | 20.0 | — |
| | 五日生化需氧量 | | | 7.2 | — |
| | 氨氮 | | | 0.08 | — |
| | 总氮 | | | 0.41 | — |
| | 总磷 | | | 0.08 | — |
| | 动植物油 | | | 0.68 | — |
| | 生活污水量 | 升/（人·天） | 有水冲式厕所 | 40.8 | 40.8 |
| | 化学需氧量 | 克/（人·天） | | 35.4 | 30.5 |
| | 五日生化需氧量 | | | 12.2 | 10.8 |
| | 氨氮 | | | 1.96 | 1.96 |

| 农村分类 | 指标 | 单位 | 厕所类型 | 产生系数 | 经初级处理产生系数 |
|---|---|---|---|---|---|
| 二类 | 总氮 | 克/（人·天） | 有水冲式厕所 | 3.08 | 2.81 |
| | 总磷 | | | 0.17 | 0.15 |
| | 动植物油 | | | 0.78 | 0.73 |
| 三类 | 生活污水量 | 升/（人·天） | 无水冲式厕所 | 19.8 | — |
| | 化学需氧量 | 克/（人·天） | | 16.5 | — |
| | 五日生化需氧量 | | | 6.0 | — |
| | 氨氮 | | | 0.06 | — |
| | 总氮 | | | 0.28 | — |
| | 总磷 | | | 0.06 | — |
| | 动植物油 | | | 0.56 | — |
| | 生活污水量 | 升/（人·天） | 有水冲式厕所 | 33.4 | 33.4 |
| | 化学需氧量 | 克/（人·天） | | 29.8 | 25.7 |
| | 五日生化需氧量 | | | 10.2 | 9.1 |
| | 氨氮 | | | 1.60 | 1.60 |
| | 总氮 | | | 2.48 | 2.26 |
| | 总磷 | | | 0.12 | 0.11 |
| | 动植物油 | | | 0.66 | 0.63 |

表 2-6-3　三区农村居民生活污水及污染物产生系数

| 农村分类 | 指标 | 单位 | 厕所类型 | 产生系数 | 经初级处理产生系数 |
|---|---|---|---|---|---|
| 一类 | 生活污水量 | 升/（人·天） | 无水冲式厕所 | 23.8 | — |
| | 化学需氧量 | 克/（人·天） | | 24.3 | — |
| | 五日生化需氧量 | | | 10.6 | — |
| | 氨氮 | | | 0.12 | — |
| | 总氮 | | | 0.50 | — |
| | 总磷 | | | 0.07 | — |
| | 动植物油 | | | 0.81 | — |
| | 生活污水量 | 升/（人·天） | 有水冲式厕所 | 40.6 | 40.6 |
| | 化学需氧量 | 克/（人·天） | | 42.6 | 36.5 |
| | 五日生化需氧量 | | | 18.5 | 15.8 |
| | 氨氮 | | | 2.58 | 2.58 |
| | 总氮 | | | 4.45 | 4.17 |
| | 总磷 | | | 0.36 | 0.31 |
| | 动植物油 | | | 1.00 | 0.91 |
| 二类 | 生活污水量 | 升/（人·天） | 无水冲式厕所 | 19.2 | — |
| | 化学需氧量 | 克/（人·天） | | 20.5 | — |
| | 五日生化需氧量 | | | 8.9 | — |
| | 氨氮 | | | 0.09 | — |

| 农村分类 | 指标 | 单位 | 厕所类型 | 产生系数 | 经初级处理产生系数 |
|---|---|---|---|---|---|
| 二类 | 总氮 | 克/（人·天） | 无水冲式厕所 | 0.35 | — |
| | 总磷 | | | 0.05 | — |
| | 动植物油 | | | 0.69 | — |
| | 生活污水量 | 升/（人·天） | 有水冲式厕所 | 33.9 | 33.9 |
| | 化学需氧量 | 克/（人·天） | | 36.4 | 31.9 |
| | 五日生化需氧量 | | | 14.9 | 12.9 |
| | 氨氮 | | | 2.02 | 2.02 |
| | 总氮 | | | 2.94 | 2.76 |
| | 总磷 | | | 0.28 | 0.25 |
| | 动植物油 | | | 0.90 | 0.81 |
| 三类 | 生活污水量 | 升/（人·天） | 无水冲式厕所 | 15.0 | — |
| | 化学需氧量 | 克/（人·天） | | 17.5 | — |
| | 五日生化需氧量 | | | 8.0 | — |
| | 氨氮 | | | 0.06 | — |
| | 总氮 | | | 0.27 | — |
| | 总磷 | | | 0.04 | — |
| | 动植物油 | | | 0.50 | — |
| | 生活污水量 | 升/（人·天） | 有水冲式厕所 | 28.2 | 28.2 |
| | 化学需氧量 | 克/（人·天） | | 31.2 | 27.5 |
| | 五日生化需氧量 | | | 12.6 | 11.1 |
| | 氨氮 | | | 1.64 | 1.64 |
| | 总氮 | | | 2.43 | 2.29 |
| | 总磷 | | | 0.22 | 0.20 |
| | 动植物油 | | | 0.66 | 0.61 |

**表 2-6-4　四区农村居民生活污水及污染物产生系数**

| 农村分类 | 指标 | 单位 | 厕所类型 | 产生系数 | 经初级处理产生系数 |
|---|---|---|---|---|---|
| 一类 | 生活污水量 | 升/（人·天） | 无水冲式厕所 | 41.8 | — |
| | 化学需氧量 | 克/（人·天） | | 28.2 | — |
| | 五日生化需氧量 | | | 12.2 | — |
| | 氨氮 | | | 0.19 | — |
| | 总氮 | | | 0.75 | — |
| | 总磷 | | | 0.18 | — |
| | 动植物油 | | | 0.93 | — |
| | 生活污水量 | 升/（人·天） | 有水冲式厕所 | 63.2 | 63.2 |
| | 化学需氧量 | 克/（人·天） | | 52.1 | 40.2 |
| | 五日生化需氧量 | | | 20.6 | 17.2 |
| | 氨氮 | | | 2.79 | 2.79 |

| 农村分类 | 指标 | 单位 | 厕所类型 | 产生系数 | 经初级处理产生系数 |
|---|---|---|---|---|---|
| 一类 | 总氮 | 克/（人·天） | 有水冲式厕所 | 5.09 | 4.60 |
| | 总磷 | | | 0.34 | 0.30 |
| | 动植物油 | | | 1.43 | 1.19 |
| 二类 | 生活污水量 | 升/（人·天） | 无水冲式厕所 | 37.5 | — |
| | 化学需氧量 | 克/（人·天） | | 21.4 | — |
| | 五日生化需氧量 | | | 9.6 | — |
| | 氨氮 | | | 0.18 | — |
| | 总氮 | | | 0.72 | — |
| | 总磷 | | | 0.14 | — |
| | 动植物油 | | | 0.88 | — |
| | 生活污水量 | 升/（人·天） | 有水冲式厕所 | 54.2 | 54.2 |
| | 化学需氧量 | 克/（人·天） | | 37.6 | 30.7 |
| | 五日生化需氧量 | | | 15.8 | 13.7 |
| | 氨氮 | | | 2.73 | 2.73 |
| | 总氮 | | | 4.34 | 3.94 |
| | 总磷 | | | 0.31 | 0.28 |
| | 动植物油 | | | 1.36 | 1.15 |
| 三类 | 生活污水量 | 升/（人·天） | 无水冲式厕所 | 28.1 | — |
| | 化学需氧量 | 克/（人·天） | | 16.8 | — |
| | 五日生化需氧量 | | | 8.0 | — |
| | 氨氮 | | | 0.17 | — |
| | 总氮 | | | 0.68 | — |
| | 总磷 | | | 0.12 | — |
| | 动植物油 | | | 0.73 | — |
| | 生活污水量 | 升/（人·天） | 有水冲式厕所 | 43.7 | 43.7 |
| | 化学需氧量 | 克/（人·天） | | 30.8 | 25.5 |
| | 五日生化需氧量 | | | 13.5 | 11.7 |
| | 氨氮 | | | 2.51 | 2.51 |
| | 总氮 | | | 3.96 | 3.60 |
| | 总磷 | | | 0.28 | 0.25 |
| | 动植物油 | | | 1.18 | 1.01 |

**表 2-6-5　五区农村居民生活污水及污染物产生系数**

| 农村分类 | 指标 | 单位 | 厕所类型 | 产生系数 | 经初级处理产生系数 |
|---|---|---|---|---|---|
| 一类 | 生活污水量 | 升/（人·天） | 无水冲式厕所 | 57.7 | — |
| | 化学需氧量 | 克/（人·天） | | 28.8 | — |
| | 五日生化需氧量 | | | 11.3 | — |
| | 氨氮 | | | 0.22 | — |

| 农村分类 | 指标 | 单位 | 厕所类型 | 产生系数 | 经初级处理产生系数 |
|---|---|---|---|---|---|
| 一类 | 总氮 | 克/（人·天） | 无水冲式厕所 | 0.92 | — |
| | 总磷 | | | 0.20 | — |
| | 动植物油 | | | 1.44 | — |
| | 生活污水量 | 升/（人·天） | 有水冲式厕所 | 79.3 | 79.3 |
| | 化学需氧量 | 克/（人·天） | | 52.2 | 41.5 |
| | 五日生化需氧量 | | | 23.5 | 17.9 |
| | 氨氮 | | | 3.82 | 3.82 |
| | 总氮 | | | 6.81 | 5.44 |
| | 总磷 | | | 0.67 | 0.55 |
| | 动植物油 | | | 1.68 | 1.49 |
| 二类 | 生活污水量 | 升/（人·天） | 无水冲式厕所 | 47.1 | — |
| | 化学需氧量 | 克/（人·天） | | 22.6 | — |
| | 五日生化需氧量 | | | 9.6 | — |
| | 氨氮 | | | 0.19 | — |
| | 总氮 | | | 0.81 | — |
| | 总磷 | | | 0.16 | — |
| | 动植物油 | | | 1.33 | — |
| | 生活污水量 | 升/（人·天） | 有水冲式厕所 | 65.8 | 65.8 |
| | 化学需氧量 | 克/（人·天） | | 40.8 | 32.2 |
| | 五日生化需氧量 | | | 19.1 | 15.6 |
| | 氨氮 | | | 3.38 | 3.38 |
| | 总氮 | | | 6.42 | 5.36 |
| | 总磷 | | | 0.50 | 0.45 |
| | 动植物油 | | | 1.54 | 1.39 |
| 三类 | 生活污水量 | 升/（人·天） | 无水冲式厕所 | 32.5 | — |
| | 化学需氧量 | 克/（人·天） | | 17.1 | — |
| | 五日生化需氧量 | | | 7.7 | — |
| | 氨氮 | | | 0.15 | — |
| | 总氮 | | | 0.72 | — |
| | 总磷 | | | 0.12 | — |
| | 动植物油 | | | 1.11 | — |
| | 生活污水量 | 升/（人·天） | 有水冲式厕所 | 52.1 | 52.1 |
| | 化学需氧量 | 克/（人·天） | | 36.5 | 27.6 |
| | 五日生化需氧量 | | | 17.8 | 15.0 |
| | 氨氮 | | | 2.99 | 2.99 |
| | 总氮 | | | 5.75 | 4.95 |
| | 总磷 | | | 0.40 | 0.38 |
| | 动植物油 | | | 1.48 | 1.26 |

表 2-6-6　六区农村居民生活污水及污染物产生系数

| 农村分类 | 指标 | 单位 | 厕所类型 | 产生系数 | 经初级处理产生系数 |
|---|---|---|---|---|---|
| 一类 | 生活污水量 | 升/（人·天） | 无水冲式厕所 | 29.1 | — |
| | 化学需氧量 | 克/（人·天） | | 26.4 | — |
| | 五日生化需氧量 | | | 9.4 | — |
| | 氨氮 | | | 0.15 | — |
| | 总氮 | | | 0.59 | — |
| | 总磷 | | | 0.09 | — |
| | 动植物油 | | | 1.85 | — |
| | 生活污水量 | 升/（人·天） | 有水冲式厕所 | 47.3 | 47.3 |
| | 化学需氧量 | 克/（人·天） | | 44.2 | 36.5 |
| | 五日生化需氧量 | | | 18.2 | 14.7 |
| | 氨氮 | | | 2.82 | 2.82 |
| | 总氮 | | | 5.34 | 4.69 |
| | 总磷 | | | 0.38 | 0.31 |
| | 动植物油 | | | 1.97 | 1.89 |
| 二类 | 生活污水量 | 升/（人·天） | 无水冲式厕所 | 24.3 | — |
| | 化学需氧量 | 克/（人·天） | | 19.9 | — |
| | 五日生化需氧量 | | | 7.2 | — |
| | 氨氮 | | | 0.11 | — |
| | 总氮 | | | 0.45 | — |
| | 总磷 | | | 0.08 | — |
| | 动植物油 | | | 1.56 | — |
| | 生活污水量 | 升/（人·天） | 有水冲式厕所 | 42.0 | 42.0 |
| | 化学需氧量 | 克/（人·天） | | 38.3 | 31.1 |
| | 五日生化需氧量 | | | 15.4 | 12.6 |
| | 氨氮 | | | 2.53 | 2.53 |
| | 总氮 | | | 4.22 | 3.71 |
| | 总磷 | | | 0.33 | 0.28 |
| | 动植物油 | | | 1.88 | 1.72 |
| 三类 | 生活污水量 | 升/（人·天） | 无水冲式厕所 | 21.9 | — |
| | 化学需氧量 | 克/（人·天） | | 16.2 | — |
| | 五日生化需氧量 | | | 6.3 | — |
| | 氨氮 | | | 0.09 | — |
| | 总氮 | | | 0.42 | — |
| | 总磷 | | | 0.07 | — |
| | 动植物油 | | | 1.34 | — |
| | 生活污水量 | 升/（人·天） | 有水冲式厕所 | 34.6 | 34.6 |
| | 化学需氧量 | 克/（人·天） | | 29.7 | 25.6 |
| | 五日生化需氧量 | | | 11.0 | 9.5 |

| 农村分类 | 指标 | 单位 | 厕所类型 | 产生系数 | 经初级处理产生系数 |
|---|---|---|---|---|---|
| 三类 | 氨氮 | 克/（人·天） | 有水冲式厕所 | 2.04 | 2.04 |
| | 总氮 | | | 3.77 | 3.40 |
| | 总磷 | | | 0.26 | 0.24 |
| | 动植物油 | | | 1.68 | 1.55 |

表 2-6-7　农村户用污水处理设备污染物去除率

| 区域＼指标 | 化学需氧量 | 五日生化需氧量 | 氨氮 | 总氮 | 总磷 | 动植物油 |
|---|---|---|---|---|---|---|
| 一区<br>二区<br>三区 | 46.6% | 44.3% | 29.3% | 27.7% | 22.2% | 63.1% |
| 四区<br>五区<br>六区 | 51.7% | 49.2% | 32.5% | 30.7% | 27.7% | 70.1% |

# 附表：各区域对应系数表和农村分类

附表 2-6-1 一区农村分类

| 区域 | 对应系数表 | 农村类别 | 所在省份、地市 |
|---|---|---|---|
| 一区：辽宁、吉林、黑龙江、内蒙古东部 | 表 2-6-1 | 一类 | 辽宁省：沈阳市、大连市、鞍山市、营口市、盘锦市<br>吉林省：长春市<br>黑龙江省：哈尔滨市、鸡西市、大庆市、佳木斯市、牡丹江市 |
| | | 二类 | 辽宁省：本溪市、丹东市、锦州市、抚顺市、辽阳市、铁岭市<br>吉林省：吉林市<br>黑龙江省：齐齐哈尔市、鹤岗市、双鸭山市、伊春市、黑河市<br>内蒙古自治区：呼伦贝尔市 |
| | | 三类 | 辽宁省：阜新市、朝阳市、葫芦岛市<br>吉林省：四平市、辽源市、通化市、白山市、松原市、白城市、延边朝鲜族自治州<br>黑龙江省：绥化市、七台河市、大兴安岭地区<br>内蒙古自治区：通辽市、赤峰市、兴安盟<br>其他省直辖县级行政单位 |

附表 2-6-2 二区农村分类

<table>
<tr><th>区域</th><th>对应<br>系数表</th><th>农村<br>类别</th><th>所在省份、地市</th></tr>
<tr><td rowspan="3">二区：<br>北京、<br>天津、<br>河北、<br>河南、<br>山西、<br>山东</td><td rowspan="3">表 2-6-2</td><td>一类</td><td>北京市<br>天津市<br>山东省：济南市、青岛市、烟台市、威海市、潍坊市、淄博市<br>河南省：郑州市</td></tr>
<tr><td>二类</td><td>河北省：石家庄市、唐山市、廊坊市<br>河南省：焦作市、许昌市、鹤壁市、新乡市、漯河市<br>山西省：太原市<br>山东省：枣庄市、东营市、济宁市、泰安市、日照市、莱芜市、滨州市</td></tr>
<tr><td>三类</td><td>河北省：秦皇岛市、邯郸市、邢台市、保定市、张家口市、承德市、沧州市、衡水市<br>河南省：开封市、洛阳市、平顶山市、安阳市、濮阳市、三门峡市、南阳市、商丘市、信阳市、周口市、驻马店市<br>山西省：大同市、阳泉市、长治市、晋城市、朔州市、晋中市、运城市、忻州市、临汾市、吕梁市<br>山东省：临沂市、德州市、聊城市、菏泽市<br>其他省直辖县级行政单位</td></tr>
</table>

附表 2-6-3　三区农村分类

| 区域 | 对应系数表 | 农村类别 | 所在省份、地市 |
| --- | --- | --- | --- |
| 三区：陕西、甘肃、青海、宁夏、新疆、内蒙古中西部 | 表 2-6-3 | 一类 | 陕西省：西安市、杨凌示范区<br>甘肃省：嘉峪关市、酒泉市<br>宁夏回族自治区：银川市<br>新疆维吾尔自治区：乌鲁木齐市、克拉玛依市、昌吉回族自治州、巴音郭楞蒙古自治州<br>内蒙古自治区：呼和浩特市、包头市、乌海市、鄂尔多斯市、阿拉善盟、巴彦淖尔市 |
| | | 二类 | 陕西省：汉中市、安康市<br>甘肃省：兰州市、金昌市、张掖市<br>青海省：西宁市、海西蒙古族藏族自治州<br>宁夏回族自治区：石嘴山市<br>新疆维吾尔自治区：吐鲁番市、哈密市、博尔塔拉蒙古自治州、伊犁哈萨克自治州、塔城地区、阿勒泰地区<br>内蒙古自治区：锡林郭勒盟 |
| | | 三类 | 陕西省：铜川市、宝鸡市、咸阳市、渭南市、延安市、榆林市、商洛市<br>甘肃省：白银市、天水市、武威市、平凉市、庆阳市、定西市、陇南市、临夏回族自治州、甘南藏族自治州<br>青海省：海东市、海北藏族自治州、黄南藏族自治州、海南藏族自治州、果洛藏族自治州、玉树藏族自治州<br>宁夏回族自治区：吴忠市、固原市、中卫市<br>新疆维吾尔自治区：阿克苏地区、克孜勒苏柯尔克孜自治州、喀什地区、和田地区<br>内蒙古自治区：乌兰察布市<br>其他省直辖县级行政单位 |

附表 2-6-4　四区农村分类

| 区域 | 对应系数表 | 农村类别 | 所在省份、地市 |
|---|---|---|---|
| 四区：上海、江苏、浙江、安徽、福建、江西 | 表 2-6-4 | 一类 | 上海市<br>江苏省：南京市、无锡市、常州市、苏州市、镇江市<br>浙江省：杭州市、宁波市、温州市、嘉兴市、湖州市、绍兴市、舟山市、台州市<br>福建省：厦门市 |
| | | 二类 | 江苏省：南通市、盐城市、扬州市、泰州市<br>浙江省：金华市、衢州市、丽水市<br>安徽省：合肥市、芜湖市、马鞍山市<br>江西省：南昌市、萍乡市、新余市<br>福建省：福州市、泉州市 |
| | | 三类 | 江苏省：徐州市、连云港市、淮安市、宿迁市<br>安徽省：蚌埠市、淮南市、淮北市、铜陵市、安庆市、黄山市、滁州市、阜阳市、宿州市、六安市、亳州市、池州市、宣城市<br>江西省：景德镇市、九江市、鹰潭市、赣州市、吉安市、宜春市、抚州市、上饶市<br>福建省：莆田市、三明市、漳州市、南平市、龙岩市、宁德市<br>其他省直辖县级行政单位 |

附表 2-6-5　五区农村分类

| 区域 | 对应系数表 | 农村类别 | 所在省份、地市 |
|---|---|---|---|
| 五区：湖北、湖南、广东、广西、海南 | 表 2-6-5 | 一类 | 湖北省：武汉市<br>湖南省：长沙市<br>广东省：广州市、珠海市、佛山市、东莞市、中山市、惠州市 |
| | | 二类 | 湖北省：宜昌市、襄阳市、鄂州市、荆州市、荆门市、随州市、孝感市<br>湖南省：株洲市、湘潭市、衡阳市<br>广东省：汕头市、江门市、湛江市、茂名市、肇庆市、阳江市<br>海南省：海口市、三亚市<br>广西壮族自治区：南宁市、柳州市、桂林市、梧州市、北海市 |
| | | 三类 | 湖北省：黄石市、十堰市、黄冈市、咸宁市、恩施土家族苗族自治州<br>湖南省：邵阳市、岳阳市、常德市、张家界市、益阳市、郴州市、永州市、怀化市、娄底市、湘西土家族苗族自治州<br>广东省：韶关市、梅州市、汕尾市*（深圳市飞地）、河源市、清远市、潮州市、揭阳市、云浮市<br>海南省：三沙市、儋州市<br>广西壮族自治区：防城港市、钦州市、贵港市、玉林市、崇左市、百色市、贺州市、河池市、来宾市<br>其他省直辖县级行政单位 |

*对于地级市有农村飞地的，飞地参照其实际所在地的分区分类查找系数表单。如广东省深圳市有飞地“深汕特别合作区”位于广东省汕尾市，则该飞地应参照广东省汕尾市的地域分区分类查找系数表单。

附表 2-6-6　六区农村分类

| 区域 | 对应系数表 | 农村类别 | 所在省份、地市 |
| --- | --- | --- | --- |
| 六区：重庆、四川、贵州、云南、西藏 | 表 2-6-6 | 一类 | 重庆市辖区*<br>四川省：成都市、自贡市、攀枝花市、德阳市、绵阳市、资阳市、乐山市、宜宾市<br>贵州省：贵阳市 |
| | | 二类 | 重庆市辖县*<br>四川省：泸州市、遂宁市、内江市、南充市、眉山市、广安市、达州市、巴中市<br>云南省：昆明市、玉溪市、西双版纳傣族自治州 |
| | | 三类 | 四川省：广元市、雅安市、阿坝藏族羌族自治州、凉山彝族自治州、甘孜藏族自治州<br>贵州省：遵义市、六盘水市、安顺市、毕节市、铜仁市、黔西南布依族苗族自治州、黔东南苗族侗族自治州、黔南布依族苗族自治州<br>云南省：曲靖市、保山市、昭通市、丽江市、普洱市、临沧市、楚雄彝族自治州、红河哈尼族彝族自治州、文山壮族苗族自治州、大理白族自治州、德宏傣族景颇族自治州、怒江傈僳族自治州、迪庆藏族自治州<br>西藏自治区：拉萨市、林芝市、日喀则市、昌都市、山南市、那曲市、阿里地区<br>其他省直辖县级行政单位 |

*重庆市共辖 26 个区（其中渝中区没有农村人口）和 12 个县（自治县），分类如下：

一类：大渡口区、江北区、沙坪坝区、九龙坡区、南岸区、北碚区、渝北区、巴南区、涪陵区、长寿区、江津区、合川区、永川区、南川区、綦江区、大足区、璧山区、铜梁区、潼南区、荣昌区、万州区、开州区、梁平区、黔江区、武隆区；

二类：城口县、丰都县、垫江县、忠县、云阳县、奉节县、巫山县、巫溪县、石柱土家族自治县、秀山土家族苗族自治县、酉阳土家族苗族自治县、彭水苗族土家族自治县。

# 第三篇

# 城乡居民能源使用大气污染物产生与排放系数

# 1　适用范围

（1）本手册给出居民生活能源使用（非工业企业单位锅炉除外）大气污染产生与排放系数，仅适用于居民家庭炊事或取暖过程中燃料燃烧产生和排放的大气污染物核算，用于第二次全国污染源普查城乡居民能源使用大气污染物产生量与排放量的核算。

（2）涉及的系数指标包括：细颗粒物（$PM_{2.5}$）、二氧化硫（$SO_2$）、氮氧化物（$NO_x$）和挥发性有机物（VOCs）。

# 2 主要术语与解释

## 2.1 居民生活源大气污染物

指居民在炊事或取暖过程中，由固态或气态燃料燃烧产生并排放到室外大气中的污染物。不包括集中供暖、供电等设施，以及其他居民生活活动中产生、排放的大气污染物。

## 2.2 污染物产生与排放系数

指单位用量燃料在民用炉灶具中燃烧产生和排放的污染物量。

# 3 使用说明

（1）民用生活炉灶具一般没有尾气处理措施或配备末端烟气治理设施，因此，产生系数与排放系数相同，生活源城乡居民能源使用大气污染物产生量与排放量相等。

（2）城乡居民能源使用大气污染物排放量核算以主要燃料消耗量为主线，选取各污染物对应的排放系数进行核算。

（3）$SO_2$的产生与排放系数优先基于燃料含硫量计算，若无法获得燃料含硫量数据，则可参照本手册系数表中的系数进行估算。

（4）本次生活源城乡居民能源使用大气污染物产生与排放系数是基于全国整体设计的抽样调查和野外现场实测获得的产生与排放系数。具体到某一省市，由于样点和样本量相对较小，误差会较大，因此本手册系数为居民生活能源使用主要燃料的国家平均系数。

（5）由于燃料性质、炉灶类型、燃烧操作等差异，生活源污染物的产生与排放系数存在很大的时空差异。各地区应优先根据当地实际情况，开展本地的排放现场测定，获得不同燃料炉灶组合、在不同使用条件（炊事和取暖等）下的产生与排放系数，从而降低排放量核算的不确定性。

# 4 核算方法

城乡居民能源使用大气污染物排放量核算是基于各类活动中不同燃料的年消耗量，结合各类污染物的排放系数进行计算。

城乡居民能源使用特定大气污染物 $i$ 排放量 $E_i$ 的核算公式如下：

$$E_i = \sum_j \left( Q_j \times \mathrm{EF}_{ij} / 1000 \right) \tag{3-4-1}$$

式中，$E_i$——特定污染物 $i$ 排放量，吨；

$i$——各类大气污染物；

$j$——各类燃料；

$Q_j$——第 $j$ 种燃料的消耗量，吨或万米$^3$；

$\mathrm{EF}_{ij}$——第 $j$ 种燃料燃烧大气污染物 $i$ 的排污系数，千克/吨或千克/万米$^3$。

上述计算只包括家用燃料，不包括耗电。耗电在另外的项目中核算。

本核算方法可以选用不同统计单元（全国、省、地级市、县）分别统计。但需注意的是，在核算中选取对应系数时，本手册系数是基于全国层面的抽样调查测定获得的统计结果。对于省市一级的大气污染物核算，考虑到燃料等差异带来的产生与排放系数不同，应优先选用具有代表性的当地实测排放系数。

# 5 示例

## 5.1 系数取值和排放量核算

城乡居民能源使用各类燃料消耗量中，固体燃料和液化石油气燃料消耗量单位为“吨”，煤气和天然气消耗量单位为“万米$^3$”。

根据居民生活能源使用各类燃料类型，确定对应的大气污染物排污系数。

对于每一种污染物，考虑所有不同的燃料类型，加和获取该污染物总排放量。

## 5.2 排放量核算示例

某村居民生活主要燃料消耗量情况如下：

①居民家庭散煤年消耗量 1400 吨；

②农村薪柴燃料年消耗量 2500 吨；

③农村管道煤气年消耗量 0 米$^3$；

④农村罐装液化石油气年消耗量 35 吨。

经过调查了解掌握到，该地区居民家庭使用的煤炭主要是块状烟煤，硫含量在 0.5%；所用薪柴主要为劈柴；液化石油气的硫含量未知。

经查表 3-6-1 和表 3-6-2，分别获取各类燃料细颗粒物（$PM_{2.5}$）、二氧化硫（$SO_2$）、氮氧化物（$NO_x$）、挥发性有机物（VOCs）等大气污染物产生与排放系数，根据式（3-4-1）计算出该村各类大气污染物排放量，以吨为单位，取小数点后 2 位。结果如下。

### 5.2.1 细颗粒物（$PM_{2.5}$）排放量

燃煤排放：17.8×1400/1000=24.92（吨）

薪柴燃烧排放：6.5×2500/1000=16.25（吨）

液化石油气燃烧排放：0.039×35/1000=1.37×10$^{-3}$（吨）

合计：24.92+16.25+1.37×10$^{-3}$=41.17（吨）

### 5.2.2 二氧化硫（$SO_2$）排放量

燃煤排放：（7.4×0.5）×1400/1000=5.18（吨）

说明：燃煤二氧化硫排放量核算时，若无法获取当地燃用的煤炭硫含量基础数据时，可参照表 3-6-3 直接选取对应地区煤炭 $SO_2$ 排放系数进行核算。

薪柴燃烧排放：1.6×2500/1000=4.00（吨）

液化石油气燃烧排放：$1.5\times10^{-4}\times35/1000=5.25\times10^{-6}$（吨）

合计：$5.18+4.00+5.25\times10^{-6}=9.18$（吨）

### 5.2.3 氮氧化物（$NO_x$）排放量

燃煤排放：2.3×1400/1000=3.22（吨）

薪柴燃烧排放：1.2×2500/1000=3.00（吨）

液化石油气燃烧排放：1.1×35/1000=0.04（吨）

合计：3.22+3.00+0.04=6.26（吨）

### 5.2.4 挥发性有机物（VOCs）排放量

燃煤排放：3.9×1400/1000=5.46（吨）

薪柴燃烧排放：1.9×2500/1000=4.75（吨）

液化石油气燃烧排放：3.8×35/1000=0.13（吨）

合计：5.46+4.75+0.13=10.34（吨）

# 6 系数表

气态燃料的污染物产生与排放系数见表 3-6-1。固体燃料的污染物产生与排放系数参照表 3-6-2，其中燃煤的 $SO_2$ 产生与排放系数根据煤炭硫含量测算。在没有燃用的煤炭硫含量基础数据时，可参照表 3-6-3 分省煤炭 $SO_2$ 产生与排放系数进行测算。

**表 3-6-1 居民生活气态燃料使用大气污染物产生与排放系数**

| 燃料 | 单位 | $PM_{2.5}$ | $SO_2$ | $NO_x$ | VOCs |
|---|---|---|---|---|---|
| 液化石油气 | 千克/吨 | 0.039 | 20S 或 $1.5\times10^{-4}$① | 1.1 | 3.8 |
| 天然气 | 千克/万米$^3$ | 1.1 | $5.4\times10^{-3}$ | 12 | 0.92 |
| 煤气 | 千克/万米$^3$ | 1.6 | 14 | 14 | $4.6\times10^{-3}$ |

①二氧化硫产生与排放系数以液化石油气含硫量（S）形式表示，其中 S 是液化石油气的全硫分含量。例如，当液化石油气的含硫量为 1.25%时，产污系数表中 S 取值 1.25。

**表 3-6-2 居民生活固态燃料使用大气污染物产生与排放系数** 单位：千克/吨

| 燃料 | $PM_{2.5}$ | | $SO_2$ | | $NO_x$ | | VOCs | |
|---|---|---|---|---|---|---|---|---|
| | 均值 | 标准偏差 | 均值 | 标准偏差 | 均值 | 标准偏差 | 均值 | 标准偏差 |
| 秸秆 | 11.9 | 8.5 | 1.0 | 0.8 | 1.3 | 0.6 | 2.5 | 2.0 |
| 玉米芯 | 10.5 | 7.4 | 1.3 | 1.0 | 1.2 | 0.5 | 2.1 | 1.7 |
| 草 | 12.6 | 7.1 | 2.4 | 1.8 | 1.7 | 0.6 | 2.7 | 1.8 |
| 畜粪 | 9.0 | 6.3 | 2.3 | 1.9 | 3.0 | 1.4 | 5.2 | 4.6 |
| 劈柴 | 6.5 | 4.5 | 1.6 | 1.4 | 1.2 | 0.4 | 1.9 | 1.3 |
| 树枝 | 8.9 | 6.8 | 2.2 | 2.0 | 1.5 | 0.8 | 2.3 | 2.1 |
| 颗粒 | 3.8 | 3.8 | 0.9 | 0.4 | 0.7 | 0.4 | 2.1 | 2.1 |
| 木炭 | 9.9 | 4.9 | 0.3 | 0.1 | 2.1 | 0.9 | 3.9 | 2.6 |
| 泥煤 | 10.8 | 9.4 | $9.9S_{t,daf}$① | | 1.8 | 1.1 | 3.4 | 2.6 |
| 无烟块煤 | 3.5 | 2.4 | $5.0S_{t,daf}$① | | 1.1 | 0.4 | 1.5 | 1.1 |
| 无烟型煤 | 1.4 | 0.9 | $6.8S_{t,daf}$① | | 0.8 | 0.3 | 1.1 | 0.7 |
| 烟煤块煤 | 17.8 | 11.8 | $7.4S_{t,daf}$① | | 2.3 | 1.5 | 3.9 | 2.8 |
| 烟煤型煤 | 5.8 | 5.9 | $6.8S_{t,daf}$① | | 1.0 | 0.8 | 1.7 | 1.9 |

①二氧化硫系数推荐基于燃料含硫量（$S_{t,daf}$）进行核算。$S_{t,daf}$是煤的干燥无灰基全硫分含量。硫含量通过测试获得。若没有当地实测数据，二氧化硫系数可参照表 3-6-3 取值。

表 3-6-3 居民生活燃煤的 $SO_2$ 产生与排放系数

单位：千克/吨

| 省份 | 无烟原煤 | 无烟型煤 | 烟煤原煤 | 烟煤型煤 |
|---|---|---|---|---|
| 北京 | 2.00 | 2.72 | 1.48 | 1.36 |
| 天津 | 1.00 | 1.36 | 1.48 | 1.36 |
| 河北 | 2.00 | 2.04 | 2.96 | 2.72 |
| 山西 | 4.00 | 4.76 | 6.66 | 4.76 |
| 内蒙古 | 2.00 | 3.40 | 3.70 | 3.40 |
| 辽宁 | 4.00 | 2.72 | 5.18 | 5.44 |
| 吉林 | 2.50 | 3.40 | 3.70 | 2.72 |
| 黑龙江 | 2.00 | 2.04 | 2.22 | 2.04 |
| 上海 | 2.50 | 3.40 | 3.70 | 3.40 |
| 江苏 | 2.50 | 6.80 | 4.44 | 4.76 |
| 浙江 | 3.50 | 4.76 | 4.44 | 4.08 |
| 安徽 | 1.00 | 1.36 | 3.70 | 2.72 |
| 福建 | 5.00 | 6.80 | 5.18 | 5.44 |
| 江西 | 5.00 | 6.80 | 7.40 | 6.80 |
| 山东 | 3.75 | 2.38 | 11.10 | 6.12 |
| 河南 | 5.50 | 7.48 | 4.44 | 4.08 |
| 湖北 | 5.00 | 6.80 | 6.66 | 6.12 |
| 湖南 | 4.00 | 4.08 | 5.18 | 2.72 |
| 广东 | 3.50 | 4.76 | 4.44 | 4.08 |
| 广西 | 5.00 | 6.80 | 8.88 | 8.16 |
| 海南 | 2.50 | 3.40 | 5.18 | 4.76 |
| 重庆 | 8.50 | 11.56 | 10.36 | 9.52 |
| 四川 | 6.50 | 6.80 | 5.92 | 7.48 |
| 贵州 | 9.00 | 12.24 | 14.80 | 3.40 |
| 云南 | 6.00 | 2.04 | 5.92 | 7.14 |
| 西藏 | 6.50 | 8.84 | 9.62 | 8.84 |
| 陕西 | 3.50 | 4.76 | 3.70 | 2.72 |
| 甘肃 | 2.50 | 3.40 | 3.70 | 3.40 |
| 青海 | 1.00 | 2.72 | 3.70 | 3.40 |
| 宁夏 | 2.00 | 2.72 | 5.18 | 4.08 |
| 新疆 | 1.50 | 2.04 | 4.44 | 4.76 |

# 第四篇

# 其他生活源（其他城乡居民生活和第三产业）挥发性有机物排放系数

# 1　适用范围

（1）本手册给出其他生活源（其他城乡居民生活和第三产业）的挥发性有机物排放系数，包括建筑涂料与胶黏剂使用、沥青道路铺装、餐饮油烟、干洗和典型日用品使用五类子源，用于第二次全国污染源普查其他生活源（其他城乡居民生活和第三产业）挥发性有机物排放量的核算。

（2）涉及的系数指标包括挥发性有机物。

# 2 主要术语与解释

## 2.1 挥发性有机物排放量

指建筑涂料与胶黏剂使用、沥青道路铺装、餐饮油烟、干洗和典型日用品使用等五类子源在对应活动过程中的挥发性有机物排放量。

## 2.2 挥发性有机物排放系数

指单位活动水平（房屋竣工面积、道路长度、常住人口数量）挥发性有机物排放量。

# 3　使用说明

## 3.1　建筑涂料与胶黏剂使用挥发性有机物排放

指在房屋（不包括农村农户房屋）新建或翻新过程中，各类建筑涂料与胶黏剂使用带来的挥发性有机物排放。其中建筑涂料包括内墙涂料、外墙涂料、防水涂料、防火涂料、地坪涂料和防腐涂料。

## 3.2　沥青道路铺装挥发性有机物排放

指沥青道路在新建或改建变更过程中，道路铺装时使用沥青带来的挥发性有机物排放。铺装过程涵盖了沥青混合料搅拌、运输、摊铺、压实、成型等工序。

## 3.3　餐饮油烟挥发性有机物排放

（1）指家庭、食堂和餐饮行业食物烹饪过程带来的挥发性有机物排放。

（2）区域划分。

根据各地烹饪特点与人均食用油消费情况，并结合地理区域、生活习惯、气候特点、经济发展水平，将全国（不包含台湾、香港和澳门）划分为三个区域，如表 4-3-1 所示。

表 4-3-1　餐饮油烟排放系数区域划分

| 序号 | 区域分类 | 包括的省、自治区、直辖市 |
|---|---|---|
| 1 | 一区 | 广东、广西、海南、福建 |
| 2 | 二区 | 河北、山西、内蒙古、安徽、山东、河南、贵州、云南、甘肃、青海、宁夏 |
| 3 | 三区 | 北京、天津、辽宁、吉林、黑龙江、上海、江苏、浙江、江西、湖北、湖南、重庆、四川、西藏、陕西、新疆 |

## 3.4　干洗挥发性有机物排放

指衣物等在干洗过程中，四氯乙烯和石油系干洗剂使用带来的挥发性有机物排放。

## 3.5　典型日用品使用挥发性有机物排放

指各类家用驱虫剂、合成洗涤剂、洗发水、沐浴露、润肤护肤品、香水和空气清新剂等典型日用品使用带来的挥发性有机物排放。

# 4 核算方法

## 4.1 建筑涂料与胶黏剂使用挥发性有机物排放量核算

建筑涂料与胶黏剂使用挥发性有机物排放量用以下计算公式进行核算：

$$E_{\mathrm{a}} = \sum_{i}(A_i \times \mathrm{EF}_i / 1000) \tag{4-4-1}$$

式中，$E_a$——建筑涂料与胶黏剂使用挥发性有机物排放量，吨；

$i$——1、2、3、4，分别代表新建房屋建筑涂料使用、翻新房屋建筑涂料使用、新建房屋建筑胶黏剂使用、翻新房屋建筑胶黏剂使用；

$A$——活动水平基量，万米$^2$［$A_1$和$A_3$相同，均为房屋竣工面积；$A_2$和$A_4$相同，均为住房（住宅）建筑面积，由人均住房（住宅）建筑面积和地区年末常住人口相乘计算获取］；

EF——挥发性有机物排放系数，千克/万米$^2$［$EF_1$和$EF_3$分别为新建房屋单位房屋竣工面积建筑涂料、建筑胶黏剂使用挥发性有机物排放系数，$EF_2$和$EF_4$分别为翻新房屋单位住房（住宅）建筑面积建筑涂料、建筑胶黏剂使用挥发性有机物排放系数，建筑涂料与胶黏剂使用挥发性有机物排放系数查表4-6-1］。

## 4.2 沥青道路铺装挥发性有机物排放量核算

沥青道路铺装挥发性有机物排放量用以下计算公式进行核算：

$$E_{\mathrm{b}} = \sum_{j}(A_j \times \mathrm{EF}_j) \tag{4-4-2}$$

式中，$E_b$——沥青道路铺装挥发性有机物排放量，吨；

$j$——1、2、3、4，分别代表新建沥青公路、改建变更沥青公路、新建城市道路、改建变更城市道路；

$A$——活动水平基量，千米［$A_1$和$A_2$分别为新建沥青公路长度和改建变更沥青公路长度，$A_3$和$A_4$分别为新建城市道路长度和地区上年年末城市道路总长度，$A_3$由当年年末城市道路长度与上年年末城市道路长度之差获取］；

EF——挥发性有机物排放系数，吨/千米［$EF_1$和$EF_2$分别为单位新建沥青公路长度和单位改建变更沥青公路长度沥青使用挥发性有机物排放系数，$EF_3$和$EF_4$分别为单位新建城市道路长度和单位改建变更城市道路长度沥青使用挥发性有机物排放系数，沥青道路铺装挥发性有机物排放系数查表4-6-2］。

## 4.3　餐饮油烟挥发性有机物排放量核算

餐饮油烟挥发性有机物排放量用以下计算公式进行核算：

$$E_c = A \times \mathrm{EF} / 100 \tag{4-4-3}$$

式中，$E_c$——餐饮油烟挥发性有机物排放量，吨；

$A$——为常住人口，万人；

EF——人均餐饮油烟挥发性有机物排放系数，克/（人·年）（餐饮油烟挥发性有机物排放系数查表4-6-3）。

## 4.4　干洗挥发性有机物排放量核算

干洗挥发性有机物排放量用以下计算公式进行核算：

$$E_d = A \times \mathrm{EF} / 100 \tag{4-4-4}$$

式中，$E_d$——干洗挥发性有机物排放量，吨；

$A$——城镇常住人口，万人；

EF——人均干洗挥发性有机物排放系数，克/（人·年）（干洗挥发性有机物排放系数查表4-6-4）。

## 4.5　典型日用品使用挥发性有机物排放量核算

典型日用品使用挥发性有机物排放量用以下计算公式进行核算：

$$E_e = A \times \mathrm{EF} / 100 \tag{4-4-5}$$

式中，$E_e$——典型日用品使用挥发性有机物排放量，吨；

$A$——常住人口，万人；

EF——人均典型日用品使用挥发性有机物排放系数，克/（人·年）（典型日用品使用挥发性有机物排放系数查表4-6-5）。

# 5 示例

以广东省某市为例，以下数据均为示例，实际核算时以普查数据为准。

## 5.1 建筑涂料与胶黏剂使用

该市常住人口为1449.84万人、房屋竣工面积为1496.38万米$^2$、人均住房（住宅）建筑面积为35.4米$^2$，则该市建筑涂料与胶黏剂使用挥发性有机物排放量计算如下：

从表4-6-1查出建筑涂料与胶黏剂使用挥发性有机物排放系数，即涂料：新建房屋为1010千克/万米$^2$，翻新房屋为3.98千克/万米$^2$；胶黏剂：新建房屋为588千克/万米$^2$，翻新房屋为14.0千克/万米$^2$。根据式（4-4-1）计算出该市建筑涂料与胶黏剂使用挥发性有机物排放量如下：

$$[1496.38\times(1010+588)+1449.84\times35.4\times(3.98+14.0)]/1000=3314\text{（吨）}$$

## 5.2 沥青道路铺装

该市新建沥青公路长度为0千米、改建变更沥青公路长度为38千米、2017年年末城市道路长度为15846.33千米、2016年年末城市道路长度为15691.45千米，则该市沥青道路铺装挥发性有机物排放量计算如下：

从表4-6-2查出沥青道路铺装挥发性有机物排放系数，即沥青公路：新建为3.74吨/千米，改建变更为3.55吨/千米；城市道路：新建为0.889吨/千米，改建变更为0.056吨/千米。根据式（4-4-2）计算出该市沥青道路铺装挥发性有机物排放量如下：

$$0\times3.74+38\times3.55+(15846.33-15691.45)\times0.889+15691.45\times0.056=1151\text{（吨）}$$

## 5.3 餐饮油烟

该市常住人口为1449.84万人，则该市餐饮油烟挥发性有机物排放量计算如下：

首先，经查表4-3-1，确定广东省该市属于一区。根据以上信息，从表4-6-3查出一区餐饮油烟挥发性有机物排放系数，即165克/（人·年），根据式（4-4-3）计算出该市餐饮油烟挥发性有机物排放量如下：

$$(1449.84\times165)/100=2392\text{（吨）}$$

## 5.4　干洗

该市城镇常住人口为 1248.89 万人，则该市干洗挥发性有机物排放量计算如下：

从表 4-6-4 查出干洗挥发性有机物排放系数，即 16.9 克/（人·年），根据式（4-4-4）计算出该市干洗挥发性有机物排放量如下：

$$(1248.89 \times 16.9)/100=211\text{（吨）}$$

## 5.5　典型日用品使用

该市常住人口为 1449.84 万人，则该市典型日用品使用挥发性有机物排放量计算如下：

从表 4-6-5 查出典型日用品使用挥发性有机物排放系数，即 188 克/（人·年），根据式（4-4-5）计算出该市典型日用品使用挥发性有机物排放量如下：

$$(1449.84 \times 188)/100=2726\text{（吨）}$$

# 6 系数表

表 4-6-1 建筑涂料与胶黏剂使用挥发性有机物排放系数

| 源类别 | 材料类型 | 房屋性质 | 污染物指标 | 单位 | 排放系数 |
|---|---|---|---|---|---|
| 建筑涂料与胶黏剂 | 涂料 | 新建房屋 | 挥发性有机物 | 千克/万米$^2$ | 1010 |
| | | 翻新房屋 | | | 3.98 |
| | 胶黏剂 | 新建房屋 | | | 588 |
| | | 翻新房屋 | | | 14.0 |

表 4-6-2 沥青道路铺装挥发性有机物排放系数

| 源类别 | 道路类型 | 道路性质 | 污染物指标 | 单位 | 排放系数 |
|---|---|---|---|---|---|
| 沥青道路铺装 | 沥青公路 | 新建 | 挥发性有机物 | 吨/千米 | 3.74 |
| | | 改建变更 | | | 3.55 |
| | 城市道路 | 新建 | | | 0.889 |
| | | 改建变更 | | | 0.056 |

表 4-6-3 餐饮油烟挥发性有机物排放系数

| 源类别 | 区域类别 | 污染物指标 | 单位 | 排放系数 |
|---|---|---|---|---|
| 餐饮油烟 | 一区 | 挥发性有机物 | 克/（人·年） | 165 |
| | 二区 | | | 232 |
| | 三区 | | | 301 |

表 4-6-4 干洗挥发性有机物排放系数

| 源类别 | 污染物指标 | 单位 | 排放系数 |
|---|---|---|---|
| 干洗 | 挥发性有机物 | 克/（人·年） | 16.9 |

表 4-6-5 典型日用品使用挥发性有机物排放系数

| 源类别 | 污染物指标 | 单位 | 排放系数 |
|---|---|---|---|
| 典型日用品使用 | 挥发性有机物 | 克/（人·年） | 188 |